升维思考的
四种方式

[瑞典] 戴维·森普特（David Sumpter）_著

胡小锐 _译

FOUR WAYS OF
THINKING

STATISTICAL, INTERACTIVE, CHAOTIC AND COMPLEX

中信出版集团 | 北京

图书在版编目（CIP）数据

升维思考的四种方式 /（瑞典）戴维·森普特著；胡小锐译 . -- 北京：中信出版社，2024.4
书名原文：Four Ways of Thinking: Statistical, Interactive, Chaotic and Complex
ISBN 978-7-5217-6385-0

I. ①升… II. ①戴… ②胡… III. ①思维方法 IV. ① B804

中国版本图书馆 CIP 数据核字（2024）第 048136 号

Four Ways of Thinking: Statistical, Interactive, Chaotic and Complex by David Sumpter
Copyright © David Sumpter, 2023
Simplified Chinese translation copyright © 2024 by CITIC Press Corporation
ALL RIGHTS RESERVED
本书仅限中国大陆地区发行销售

升维思考的四种方式
著者：　［瑞典］戴维·森普特
译者：　胡小锐
出版发行：中信出版集团股份有限公司
　　　　（北京市朝阳区东三环北路 27 号嘉铭中心　邮编　100020）
承印者：　北京通州皇家印刷厂

开本：880mm×1230mm 1/32　　印张：9.75　　字数：202 千字
版次：2024 年 4 月第 1 版　　　　印次：2024 年 4 月第 1 次印刷
京权图字：01-2024-0556　　　　　书号：ISBN 978-7-5217-6385-0
　　　　　　　　　　　　　　　　定价：69.00 元

版权所有·侵权必究
如有印刷、装订问题，本公司负责调换。
服务热线：400-600-8099
投稿邮箱：author@citicpub.com

献给洛维萨

这本书里包含的所有有意义的东西都是你的功劳，剩下的一切都由我负责。

目 录

序言
升维思考的四种方式　V

导言
开启一段旅程　XI

第1章　统计思维　001
　　一群聪明的年轻人　001
　　平均数还是中位数？　005
　　一个可能的答案　012
　　统计学的力量　016
　　多活12年　019
　　正确的方法只有一种　022
　　你幸福吗？　028
　　提升个人幸福感　036
　　愤怒的老人　042

树林和树木　048
　　思考世界的方式不止一种　051

第2章　**互动思维**　055
　　生命的周期性循环　055
　　兔子和狐狸　058
　　化学反应式描述下的世界　064
　　社会流行病　067
　　不只是各部分的加总　078
　　环境对人的影响　083
　　第三定律　088
　　元胞自动机　091
　　处理争吵的有效规则　099
　　自上而下和自下而上　109

第3章　**混沌思维**　113
　　一直都知道下一步该怎么走　113
　　助推　116
　　埃尔法罗酒吧　120
　　混乱的巧克力蛋糕　124
　　程序员的错误　131
　　蝴蝶效应　133
　　夜空（一）　136
　　夜空（二）　139

完美的婚礼　144

混乱的细胞　148

信息的传递　152

信息等于随机性　157

20 个问题　163

好的倾听者也一定善于提问　168

只增不减的熵　171

生活中的三类分布　175

猜字游戏　180

走大路还是走小路　184

文字的海洋　188

第 4 章　复杂思维　195

国际数学大会　195

宇宙就是一个矩阵　198

所有人的生活都是复杂的　203

复杂性取决于它的最短描述的长度　204

伦敦百态　209

I, II, III, IV　212

生命的奥秘　218

界限分明的社会现实　229

人因他人而成其为人　236

世界跟你开了一个玩笑　240

对复杂性的探索永无止境　244

复杂是常态 245

我是谁？ 248

小场景中的生活 254

无法用语言表达的解释 261

越简短越深刻 267

四种思维方式 269

有价值的生活 271

致谢 275

注释和参考文献 277

序　言

升维思考的四种方式

我们都会情不自禁地做一件事情——思考。

每时每刻，我们的大脑总是思绪不断。它有时指导我们，有时鼓励我们，有时告诉我们还可以做得更好。它分析我们过去的行为，告诉我们未来该做什么。它不断尝试着理解我们周围的世界。

但我们很少思考我们的思维方式。我们不会分析哪些思维过程是正确的，而哪些会误导我们。很多时候，我们没有思考怎样才能更好地塑造我们的思维方式。

我们总是关注如何照料好自己的身体这样的问题，并且不遗余力地达到这样的目标。为此，我们会去健身房或者控制自己的饮食。我们总是想提升身体的健康水平，并且为自己找到动力。我们认为工作时需要劳逸结合，还希望能减轻生活中的压力。

但我们很少停下来花些时间审视一下周围，问问自己我们对生活的态度是否有意义。

科学和数学的本质在很大程度上就是寻找更好的推理方法。

但在观看宇宙起源、自然世界奇观或人类大脑及身体结构的纪录片时，我们很容易忽略这一点。从表面上看，科学关心的是事实。但这个说法是不对的，事实并非如此。对包括我在内的许多科学家来说，我们的首要任务是塑造自己的思维方式，让它带领我们接近真理。别人揭示的事实对我们来说则是次要的。

这本书讨论了升维思考的四种方式，它们可以帮助我们接近真理。

这四种方式的起源可以追溯到天才神童、杰出的理论物理学家斯蒂芬·沃尔弗拉姆在1984年写的一篇文章。当时，24岁的沃尔弗拉姆正在研究一种被称为元胞自动机的深奥的数学模型。他在全新的Sun工作站上模拟运行了这些自动机，并对它们产生的模式进行了系统的分类。他认为每一个过程——无论是生物过程还是物理过程，个人过程还是社会过程，自然过程还是人为过程——都可以归类于他在计算机模拟中观察到的四种行为中的一种。我们的所见所闻和行为可以分为四种类型：（1）平稳行为；（2）周期行为；（3）混沌行为；（4）复杂行为。

平稳系统是指会达到并保持平衡的系统。想想一块接一块排列的多米诺骨牌。轻推一下第一块骨牌，它们就会依次倒下，在地面上排成一条线，进入稳定状态。类似的例子还有：从山上滚下来停在山谷里的球，用杵臼研磨而成的稳定的香料混合物，走了很长一段路后安静睡觉的狗。

周期系统是指会表现出重复模式的系统。走路、骑自行车和骑马分别是我们的脚、自行车轮子和马腿做的周期性运动。保持均匀间隔涌向海滩的波浪，厨师将蔬菜切成大小相等的小块时菜刀的快速上下运动，我们日常生活中不断重复的早餐、工作、午餐、工作、晚餐、看电视、睡觉等活动，都呈现出周期性的特点。

混沌系统意味着无法预测，例如，明天是否会下雨（至少在英国是无法预测的），掷色子、抛硬币的结果，轮盘赌的旋转，煮意大利面时水分子在沸腾的锅中随机振动和旋转时冒出的气泡，以及在推拉门开合之间与某人的邂逅。

复杂系统在社会上随处可见，例如，在世界各地流通的货物和服务，文明的兴衰，政府和大型跨国组织的结构。复杂系统在离家更近的地方也能看到，例如，在与亲朋好友的交往中，我们有可能同时感受到爱和痛苦。复杂系统还存在于我们的身体内部，例如，大脑中数十亿神经元的放电过程。此外，你的个人经历，你到目前为止的成长过程，同样呈现出复杂性。

有时，我们的行为会让我们在不同类型间游离不定。以分歧和讨论为例。我必须承认，我是那种凡事都要刨根问底，一门心思追求"正确"答案的人。如果我觉得我不理解某个问题，或者有人采取了与我不一致的立场，那么我通常会一探究竟，直至问题的答案水落石出。

但我对争辩的热爱有时会给我带来一些问题，比如和生活及工作中与我打交道的人发生不快，因为他们不希望浪费时间去细究每件事的来龙去脉（这是可以理解的）。

因此，为了减少无意义的争论，我利用沃尔弗拉姆的理论来证明，只有两种争论是有价值的：达成稳定解决方案的第一类争论，和讨论重要新思想但可能永远不会得出结论的第四类争论。至于在同一个争论点上纠缠不休的第二类争论，以及你一言我一语、混乱不堪的第三类争论，我们应该尽量避免。

有了这种分类，就更容易确定我参与的是哪一类争论。然后，我会考虑如何把第二类争论转换成第一类，或者把第三类争论转换成第四类。我也会考虑如何使我参与的第一类争论更快地趋于稳定，就像超级高效的杵臼那样迅速"研磨"出真相。

注意，以这种方式思考会改变你的视角，使你跳脱活动本身，自上而下俯视这些活动。沃尔弗拉姆的分类可以让我们统揽全局，思考如何应对各种各样的挑战。

2002年，沃尔弗拉姆发表了他的著作《一种新科学》，在元胞自动机模型的基础上提出了一种科学方法。这本书（重5.6磅[①]，厚达1 192页）涉及的理论非常广泛，它大胆地宣称，元胞自动机研究是通往深层次理解生物性生命、物理宇宙以及几乎所有其他事物的一条途径。但是，在如何利用元胞自动机真正深入地了解我们这个真实而复杂的世界的问题上，沃尔弗拉姆没有给出具体的建议。

缺乏适用的洞见导致沃尔弗拉姆的研究始终没有得到科学界的认真对待，他的思想也没有进入公众的意识和视野。我在维基百科上搜索沃尔弗拉姆的研究时，找到了一个专门讨论元胞自动机的数学特性的网页。沃尔弗拉姆的分类仍然很抽象，没有与现实联系到一起。

---

① 5.6磅约合2.5千克。——译者注

而我现在要做的正是沃尔弗拉姆没有做的，即展示如何利用他提出的四种方式来塑造和明确我们对世界的看法。它们一点儿也不抽象。事实上，它们在日常生活中非常有用。我的方法不像沃尔弗拉姆所说的那样是一种新科学，而更像一种说服你的朋友和你一起慢跑的新方法，一种与伙伴讨论争议问题的新方法，或者一种抑制巧克力蛋糕成瘾的新方法。它会帮助我们理解为什么我们会在聚会上受冷落，甚至会让你看清自己作为一个独特复杂的个体的本质。

为了让你了解这些更实用的新思维方式，我在本书中用四章展开讨论了沃尔弗拉姆的分类法。

在我看来，第一类思维是统计思维。你什么时候应该相信那些数字，什么时候则应该持怀疑态度？更重要的是，你应该如何解读科学研究在饮食、锻炼、幸福、成功等方面给出的建议？虽然数据和统计是理解整个人类社会的关键，但我要告诉你，对你个人来说，它们似乎都没有我们以为的那样重要。

那么，我们怎样才能在生活中找到更大的成就感呢？这个问题将引出第二类思维，即互动思维：揭开人类社会的秘密。如何使团队更有凝聚力？如何改变沟通方式以消弭分歧？我将解释如何更好地理解我们自身的行为对他人的影响，以及当别人对我们不友好时应如何处理我们的感受。改善人际关系比你想象的要容易。

不过，这里有一个陷阱需要注意。我们越是努力地控制自己的生活，生活就会越不可预测。在一个不可能掌控一切的世界里，如果无法让事情回到正轨，往往就会造成混乱无序的随机结果。第三类思维，即混沌思维，能帮助你决定什么时候应该掌控全局，而什么时候应该放手。

问题越复杂，就越难解决。但是，说某个事物很复杂意味着什么呢？我的答案是，一个系统的复杂程度取决于描述它最少需要多少文字。学会用简洁明了的语言概括我们面对的社交场合、担心的问题和头脑中的想法，就能抓住它们的本质。与主要解决日常问题的前三类思维不同，第四类思维，即复杂思维，更侧重于内省和自我反思，其主要目标是了解之前发生的事，通过它们更好地了解我们自己以及周围的人。

从第一类到第四类的演变再现了过去100年来科学思维的发展历程，能帮助我们了解在这个过程中起到了重要作用的一些科学英雄（和反英雄）的思想。它不仅能帮助我们进入自己的内心世界，还能引导我们走出去，去了解我们共同创造的外部世界。它把我们从做普通事务时遇到的平凡问题中解脱出来，转而去考虑一个深刻的问题：是什么造就了我们？

现在，让我们和一个年轻的博士生一起，踏上这趟发现之旅吧。

导　言

开启一段旅程

我走下灰狗长途巴士，迎接我的是新墨西哥州的炎炎烈日。这一年是1997年，我23岁，这是我第一次来美国。入选美国圣达菲研究所的复杂系统暑期学校项目非常困难，但我的博士导师的推荐信为我争得了一席之地。我的导师曾参加过该研究所的一次研究会议，与会的都是一些知名人士，仅受邀人士才有资格参加。他告诉我，圣达菲研究所把物理学、经济学、生物学和数学等领域的精英召集到一起，目的是寻找理解复杂系统的统一方法——把他们各自领域的研究结合起来并回答基本问题。这将是一门新科学。

暑期学校的目标是将快速积累的知识传递给下一代。在接下来的4周时间里，这些博士生和年轻的研究人员会被安置在离研究所不远的一所小型文理学院的宿舍里。每天上午都要上课，下午在圣达菲研究人员的监督下联合做项目。到了晚上，来自世界各地不同学术背景的学生会在一起交流。

"你会度过一段美妙的时光,"导师告诉我,"一定要多多交流,兼收并蓄。一开始,你也许会觉得其他人都比你知道得多,但他们知道的往往没有他们表现出来的那么多。所以,不要担心自己会问出愚蠢的问题。你永远不知道你会得到什么答案。"

去研究所的路不太好找,等我赶到那儿时已经迟到了,科研协调人埃里卡·珍正在滔滔不绝地说着什么。我走到阶梯教室的后面,找了个座位坐下来。

"我们的目标是教你一种不同的思维方式,"她对满教室睁大眼睛的学生说,"但要做到这一点,我们需要涉猎很多领域。在过去的100年里,科研方式发生了巨大的变化。我们希望你们去了解这段历史,还希望你们能学到一种在其他地方学不到的方法。"

她说,课程将从基础知识开始,我们会学习处理数据并得出可靠的统计结论的方法。然后,我们将研究一些相互作用,例如捕食者对生态系统内部平衡的影响,我们大脑中的神经元相互传递信号的原理,乃至人类社会随时间推移发生的变化。接下来,我们将了解混沌和随机性。为什么很难知道未来会发生什么?最后,她说,我们将探讨的最重要的问题是:什么是复杂性?当我们说我们生活在一个复杂的社会或文化中时,我们指的是什么?

她告诉我们,圣达菲的研究人员正在试图给大脑建立一个数学模型,以便模拟我们的社会互动。他们在努力研究生物性生命的基本变迁过程。这里的科学家都非常优秀,已经在各自的学术领域证明了自己（其中许多人获得了诺贝尔奖），现在他们聚集在一起，就是为了创造科学思维的未来。

"这4周将是一次复杂性探寻之旅，将永远改变你的思维方式。"

第 1 章

统计思维

一群聪明的年轻人

在珍博士做完介绍后,我们来到了宿舍。接下来的4周,我们都会住在这里。

当我来到我的房间时,我的新室友鲁珀特已经在整理物品了。他把床搬到了房间左边靠近窗户的位置,在唯一一张桌子上整整齐齐地码放了一堆科学论文和手写笔记。

鲁珀特说,他正在牛津大学攻读经济学博士学位。在发现我是英国人后,鲁珀特大胆地猜测:"我想这就是他们让我们共处一室的原因。"

"如果能和哈佛大学的那些聪明的年轻人一起住就好了,真的,可以拓宽一下自己的视野……"他笑着说,"但你也行……"

鲁珀特也是被他的导师安排来这里的,但他收到的指示不同。导师告诉他要"了解那边的研究进展",同时注意不能让自己陷进去。这很符合他的风格，因为他对"复杂系统这类废话"的兴趣不大，显然不打算在这些问题上浪费太多时间。他的目的很简单，就是去听课和学习基本知识。到了下午，他会在房间里学习。他说，这就是他需要那张桌子的原因。如果我不介意，他希望我最好不要打扰他。

他对珍博士的介绍似乎不太感兴趣。"典型的美国式推销，天花乱坠的宣传就是他们的一贯伎俩。"

鲁珀特似乎也不太热衷与其他学生交流或向他们学习，他只会与少数人交流。他说："这里有各个领域的研究人员，有生物学家、历史学家、社会学家等，甚至可能还有哲学家。初来乍到，谁知道呢……"

"'复杂系统'这个概念会让他们特别兴奋。"他一边说，一边用手指给自己说的话加上了引号，"我的意思是，这对他们来说有点儿像暑假，不是吗？就是一个外出度假的机会。"

"但是，"他提醒我，"你和我都要保持头脑清醒。"

鲁珀特告诉我，他担心许多参与者可能没有像我们一样接受过严格的专业训练，他们的基础知识都有所欠缺。因此，我们的工作就是启发他们。对于鲁珀特，与其说来这里是提出问题的（就像我的导师告诉我的那样），不如说是以柔和的方式让我们接受教育的。

他说："我们在这里代表着某种东西。我们能够理解数据，还会使用数据。但我敢打赌很多同学连基本的统计学知识都不懂。"

说完，他在书桌前坐了下来，开始翻阅他的那些文章。谈话显然结束了。

我走出宿舍,去找参加暑期学校项目的其他人。他们肯定不会都像鲁珀特那样。

我很快发现走廊里站着一位美国理论物理学家,他自我介绍说他叫马克斯。我问他是否知道最近的酒吧在哪里,希望他能带我去。

马克斯告诉我,酒吧在美国被称为"bar",也经常被称为运动酒吧。他知道一个非常棒的酒吧,也很乐意陪我一起去。

我们在酒吧里坐下后,马克斯说,美国人需要持续的刺激,同时指了指我们周围墙上的那一排电视屏幕。他们不能一次只做一两件事(比如喝啤酒和聊天),他们还要看篮球或足球比赛,而且要在每场比赛前播放震耳欲聋的音乐,电视屏幕上还要显示球员的统计数据。我告诉马克斯,英国的酒吧里通常没有电视,即使有,通常也是关着的。

马克斯说:"这只是时间问题,最终你们也会这样。"他说,美国社会的演变可以用不断增加的熵来建模。

马克斯问道:"我想你肯定非常了解熵吧?"没等我回答,他就接着说:"这是美国研究人员在战后发明的一种处理和理解信息的方法,现在我们正在用我们的技术向大众提供信息。"他露出了洞悉一切的笑容。

我报以一个局促不安的微笑,心中暗想,我必须加深对熵的了解,越早越好。

事实证明,马克斯不只是知道运动酒吧和熵,而是什么都知道。他在普林斯顿大学获得了博士学位,现在是斯坦福大学统计物理学博士后研究员。我告诉他,鲁珀特对即将开始的课程缺乏热情。马克斯说鲁珀特才是那个需要接受教育的人。他说,牛津大学和剑桥大学还停留在过去,并不了解混沌和非线性(以及一些我不确定的术语)的重要性。他接着说道,牛津大学和剑桥大学确实做了一些有价值的基础研究,但他们太保守了。他们为现代研究确立了受理论科学界认可的地位。

他接着说,这就是圣达菲研究所的地位如此重要的原因。确切地说,并不是所有最杰出的研究都是在这里完成的(主要是在普林斯顿大学和斯坦福大学完成的),但圣达菲是一个交汇点。他罗列了一些名字:菲利普·安德森、默里·盖尔曼、肯尼斯·阿罗、布莱恩·阿瑟、克里斯·朗顿和斯蒂芬·沃尔弗拉姆。他们中有一半人获得过诺贝尔奖,另一半人则被认为是特立独行的天才。他们都来过这里,欧洲人开始注意到这一点了。"鲁珀特很快也会知道。"马克斯说。

此时,我们这张桌子边已经坐满了暑期学校项目的学生们。

坐在桌子另一端的巴西生态学家安东尼奥主导了谈话,他用很快的语速谈论着他的物种形成和生态位新理论。最后,澳大利亚生物学家玛德琳建议在座的每个人适当地做下自我介绍,她显然已经听够了安东尼奥的演讲。

我们按座位顺序一一做自我介绍。安静地坐在玛德琳旁边的是来自法国的哲学系学生扎米亚,她试图将雅克·德里达的后现代主义作品与路德维希·维特根斯坦的著作联系起来。坐在她旁边的是来自奥地利的亚历克斯，他刚刚请大家喝了杯啤酒。亚历克斯告诉我们他正在研究化学反应中的混沌。瑞典计算机科学家埃丝特说，她正在着手研究万维网的网络结构。我听不懂他们的研究，也不知道德里达或维特根斯坦是谁，但我笑着告诉他们，我是一名应用数学家，致力于用我的数学知识去解决实际问题。

在其他人介绍了各自的研究兴趣之后，玛德琳操着浓重的澳大利亚口音笑着说："嗯，你们的研究听起来很有趣，但我研究的才是最重要的问题：蚂蚁是如何构建足迹网络（trail networks）的。这是最复杂的系统！"

听她这样说，安东尼奥再一次开腔，他对玛德琳说蚂蚁是一个非常重要的物种。啤酒与他们的话及体育比赛的解说，在我的脑海中搅作一团，我一边努力思考马克斯和其他人说的话，一边体会自己身处圣达菲的感受。

鲁珀特是对的：这群人的教育背景和从事的学科非常复杂。他们不是我在大学课堂上经常遇到的那些书呆子气的数学家，而是来自世界各地的哲学、生物学、化学、物理学、经济学和计算机科学领域中最聪明的博士生。

我想不出还有其他什么地方是我更愿意去的。

平均数还是中位数？

下面让我们作别20世纪90年代的圣达菲，来到今天的伦敦。

伦敦4月的一个阴天，气温15℃，下着小雨。伦敦上班族的平均通勤时间是42分钟，平均收入约为4万英镑。晚上回到家，他们会平均花183分钟看电视（少于2011年的242分钟）。大约51%的伦敦人每天会使用不止一次社交媒体，2%的人会根据建议每天吃5种蔬菜，64%的人每周会喝酒。他们中的异性恋夫妇通常每周做爱一次，平均时间为7.6分钟。男同性恋者的性生活频率略高，每周1.5次，而女同性恋者的相关数据很难找到。这些伦敦人的平均寿命为80岁，每个家庭生1.6个孩子。如果问及他们对生活的满意度（所有事情都考虑在内），并从1到10打分，他们给出的平均分是6.94分。

我可以轻松地罗列好几页的统计数据，提供关于伦敦人口或世界各地居民的研究结果，因为英国国家统计局、数据世界网、Gapminder网站、世界银行、各国人口普查局、皮尤社交媒体报告、盖洛普咨询公司、经合组织发布的经济透视、《全球幸福指数报告》及无数的大学研究，都会调查记录我们的健康状况、福利、幸福感和行为。从所有这些数据中发现的统计关系，不仅能为政府、企业和其他组织的决策提供信息，还会影响个人的决策。对于生活的各个方面，包括应该吃什么、多久锻炼一次、怎样从生活中获得最大的满足感、如何为考试做好充分准备，我们几乎都会遵循科学研究给出的建议。

当把统计思维应用于我们自己的生活时，我们面临的挑战不仅是需要知道我们能用数据证明什么，还要清楚我们不能证明什么。在众多的科学研究中，哪些是真正适用于我们的？我们看到的统计数据是否揭示了因果关系，还是只是偶然相关？我们应该在多大程度上允许统计数据影响我们对世界的理解？什么时候我们应该忽略数字，转而使用其他工具？

在回答这些问题之前，我们需要先快速了解一下统计学的基础知识，因为统计数据有时会被滥用，只有在了解了统计数据的使用方法之后，我们才会变得更加审慎。

在开启我们的旅程之前，考虑一下为什么我只是列出了伦敦的一些平均数，就能让大多数人感受到一个城市及其居民的基本情况，包括天气、通勤、工资、生活方式选择、性生活等。每个数字都反映了伦敦生活整体印象的一个方面。平均数是最基本、最有力的统计数据，可以告诉我们一个城市的真实情况。

统计数据还会透露小型群体的情况。在本书中，我将以10个住在伦敦的朋友的生活为例，来阐明不同的思维方式。这10个人完全是虚构的，但在介绍他们的时候，我不会描述他们的长相，也不会说他们从事何种工作，而是在下面的表格中提供了关于他们的一些统计数据（同样是虚构的）。

如果用文字介绍这些人物，我可能会这样写："妮娅会在去伦敦市中心上班的路上买一杯燕麦奶拿铁，她的助手在10点的时候还会再给她提供一杯拿铁"，"詹妮弗一直不停地学习，为了维持学习她还从事兼职工作。在她看来，一边看网飞电视剧一边吃腌黄瓜是一种奢侈"。数字不如文字生动，但令人惊讶的是，它们也能让我们对一个人产生一种印象。我们可以想象他们的工作、他们的生活方式和他们对腌制食品口味的特殊偏好。

姓名	年龄	年收入	上周喝了几杯燕麦奶拿铁	是否喜欢吃腌黄瓜？
安东尼	34	1.2 万英镑	7	是（1）
阿伊莎	31	3.6 万英镑	12	否（0）
查理	29	5.2 万英镑	0	是（1）
贝琪	29	2.3 万英镑	0	否（0）
詹妮弗	28	2.2 万英镑	0	是（1）
理查德	36	6.2 万英镑	0	否（0）
妮娅	35	10.6 万英镑	15	否（0）
约翰	34	4 万英镑	0	是（1）
索菲	31	3.1 万英镑	5	否（0）
苏琪	30	3.4 万英镑	0	否（0）

这些数字还透露了这个群体的很多信息。他们的平均年龄是：

$$\frac{34+31+29+29+28+36+35+34+31+30}{10}=31.7$$

理查德、约翰、妮娅和安东尼的年龄稍大，而贝琪、詹妮弗和查理的年龄稍小。但他们（基本上）都出生于20世纪90年代初，因此我们可以认为他们是千禧一代。

在比较收入时，我们通常会使用中位数，而不是平均值。计算中位数的方法是先按升序写出所有收入：

1.2 万英镑，2.2 万英镑，2.3 万英镑，3.1 万英镑，3.4 万英镑，3.6 万英镑，4 万英镑，5.2 万英镑，6.2 万英镑，10.6 万英镑可以看到排在中间的两个数字分别是 3.4 万英镑和 3.6 万英镑，取它们的平均值，得出该群体年收入的中位数是 3.5 万英镑。这个数字略低于整个伦敦的收入中位数，但考虑到该群体中的大多数人还处于职业生涯的早期阶段，我们认为他们还是比较富裕的。虽然他们中的一些人现在还没有能力买房，但他们都不是穷人。我们可能会想，年薪 1.2 万英镑的安东尼每天如何喝得起一杯拿铁？但我没有提到另一件事：安东尼娶了收入最高的妮娅。总的来说，这些朋友生活无忧，他们面前有很多机会。①

关于何时使用中位数而何时使用平均数，并没有硬性规定（统计学家说的"平均"指的是平均数，而不是中位数）。在说到朋友的年龄时，使用平均数最合理，因为年龄的变化非常小。就收入而言，中位数更有意义，因为妮娅 10.6 万英镑的年收入将使平均数向上偏移。据《福布斯》杂志报道，伦敦有 63 人的财产多达 10 亿英镑。如果计算收入水平时把这些超级富豪包含在内，得出的平均数就会远远大于中位数（大城市的收入平均数通常比中位数高出 25%~50%），这会让其他人感觉自己更穷。因此，该使用平均数还是中位数取决于我们想要通过数据强调什么。使用中位数可以让我们忽略为数不多的亿万富翁。

每周喝的燕麦奶拿铁杯数是最能体现平均数和中位数之间差异的一个特殊例子：中位数是 0（大多数人不喝这种饮料），而平

---

① 为便于理解这段文字及其他地方包含的数学知识，我创建了一门在线课程，更详细地介绍平均数、中位数和比例等概念，参见 https://www.fourways.readthedocs.io/。

均数是 3.9。在总结这些人的整体特点时，我们需要同时使用平均数和中位数，说他们不喜欢喝拿铁或说他们每周喝接近 4 杯拿铁都是错误的！

平均数和中位数之间的区别说明，可以正确描述数据的统计方法通常不止一种。但这是否意味着在使用数字时任何方法都行得通呢？

并非如此，统计实践是有好坏之分的。但是，我们如何确定将 10 个朋友的年龄先加起来再除以 10 这种计算平均年龄的做法是一种好的统计实践呢？我使用的是我们所有人在学校里都学过的方法，但为什么它是正确的呢？针对我们衡量世界的基本方式提出这类批判性的问题，就是统计思维的关键。

让我们按照这个批判性思路，仔细观察关于这个群体是否喜欢吃腌黄瓜这个问题的数据。"是"和"否"这两个答案可以分别表示为 1 和 0。让我们把他们的回答重新整理一下，用 1 表示"喜欢"，用 0 表示"不喜欢"。

安东尼	阿伊莎	查理	贝琪	詹妮弗	理查德	妮娅	约翰	索菲	苏琪
1	0	1	0	1	0	0	1	0	0

利用这些数据估算千禧一代伦敦人喜欢吃腌黄瓜的比例，最准确的答案是什么？

直觉告诉我们，正确答案是 4/10，即 40%。取上表中所有 1 和 0 的平均数，就会得到这个答案：

$$\frac{1+0+1+0+1+0+0+1+0+0}{10} = \frac{4}{10}$$

我们怎么知道这个答案是正确的呢？假设有些朋友反对使用平均数，并且提出了一些公认的非常不可靠的理由。例如，安东尼说，我们应该给最先被问到的那些人给出的回答赋予更大的权重，因为"他们给出的是初始数据"。他将前 5 个数相加，2 + 0 + 2 + 0 + 2 = 6，再将后 5 个数相加，0 + 0 + 1 + 0 + 0 = 1，最后估算出这个比例是 (6 + 1) / 15 = 7/15。

听到安东尼给出的理由，阿伊莎反驳说，最好只问 5 个人而忽略其他人。她只看了偶数序号的人的回答，并发现在这些人中，只有一个人（约翰）喜欢吃腌黄瓜，于是她得出结论，这个比例是 1/5。最后，查理说："嘿，伙计们，让我们听听第一个人的回答，然后把它作为正确答案吧。这样我们就不用再争吵了。"

查理宣布："安东尼喜欢吃腌黄瓜，这说明所有人都喜欢吃腌黄瓜！"

贝琪举手投降："在是否喜欢吃腌黄瓜这个问题上，我已经糊涂了。查理说了一种意见，安东尼和阿伊莎又说了各自的意见，这让我很困惑。我们还是搁置争议吧，因为我们根本不可能知道人们是否喜欢吃腌黄瓜。"

贝琪错了。她说朋友们应该停止争吵，这是对的，但她认为根据我们收集到的数据无法判断人们是否喜欢吃腌黄瓜，这是错的。一群朋友有不同的意见，并不意味着他们的观点都有同样的价值。

第 1 章　统计思维　　011

但难点在于，如何让贝琪、安东尼、阿伊莎和查理接受只有一种方法可以正确测算喜欢吃腌黄瓜的人的比例——40%。我们知道朋友们的理由不可靠，但我们如何证明这个比例是最准确的估算结果呢？

要解决这个难题，我们需要回溯过去，找到第一个意识到需要确定最佳测量方法的人。

一个可能的答案

想象一个电影场景。摄影机从上向下拍摄大学校园里的一个四方院子，字幕显示"英国剑桥大学，1912年"。镜头一路向下，从一扇窗户进入烟雾弥漫的学生宿舍。罗恩独自坐在书桌前，房间里乱成一团，桌子和地板上到处是乱七八糟的纸张和书本。罗恩显然已经有一段时间没有换洗衣服了。他一边奋笔疾书，一边抽着烟斗，偶尔停下来翻翻书本。

离考试只有两个星期了。罗恩即将面对的是"三足凳"考试的最后一个部分，它不仅是英国也是全世界最难的考试之一。罗恩以第一名的成绩从中学毕业，现在在剑桥大学也是本科生中的尖子。他的名字很快就会被记录在剑桥大学的"牛仔"名单上，这是被授予一等学位、数学成绩特别优秀的学生才能享有的荣誉。

虽然罗恩乐于向别人炫耀自己的数学能力，也敢于承认自己是一个天才，但他对即将到来的考试并不太感兴趣。事实上，他甚至没有为这次考试做什么准备。他思考的是更崇高的事情。他周围的那些纸张并不是复习笔记，而是科学论文，其中有数学论文，比如卡尔·弗里德里希·高斯和托马斯·贝叶斯的论文，也有生物学论文。查尔斯·达尔文的《物种起源》摊开放在桌子上，地板上的手写笔记粗略记录了通过育种和人工选择"改良"动物（包括人类）的原理。

罗恩还没有为他正在研究的问题想出一个专有名称，它还只是一个模糊的观念。罗恩认为，他一定可以从生物学和社会中的那些错误方法里找出唯一正确的估算数量的方法。他认为所有人，包括他的教授，都搞错了。

要领会罗恩的研究方法，可以再想想上文中关于腌黄瓜的争论。

1912 年，罗恩只要一睁开眼就会思考一个问题：利用数据进行测算的最佳方法是什么？（腌黄瓜问题是这个更大问题的一个特例。）一个数学家，尤其是剑桥大学的"牛仔"，一定要弄清楚为什么他们采用的计算方法是最佳方法。

罗恩是这样阐述他的理由的。先假设我们不知道人们对腌黄瓜问题回答"是"的确切比例，但我们可以确定它的值在 0 到 100% 之间。然后，他会让安东尼（认为这个比例是 7/15）、阿伊莎（认为这个比例是 1/5）、查理（认为 100% 的人都喜欢吃腌黄瓜）根据腌黄瓜偏好的数据，计算他们的观点是正确的可能性。

让我们首先考虑阿伊莎的观点，即人们喜欢吃腌黄瓜的概率是 1/5，也就是 20%。如果她是正确的，那么我们得到查理回答正确的可能性是 1/5，因为他说他喜欢吃腌黄瓜。同样，再假设 80%

的人和阿伊莎一样不喜欢吃腌黄瓜，那么苏琪回答正确的可能性是4/5。现在，我们可以用如下方法表示每个人回答正确的可能性：

安东尼	阿伊莎	查理	贝琪	詹妮弗	理查德	妮娅	约翰	索菲	苏琪
1/5	4/5	1/5	4/5	1/5	4/5	4/5	1/5	4/5	4/5

得到所有这些回答的组合概率，就是得到所有回答的正确可能性的乘积：

$$\frac{1}{5} \times \frac{4}{5} \times \frac{1}{5} \times \frac{4}{5} \times \frac{1}{5} \times \frac{4}{5} \times \frac{4}{5} \times \frac{1}{5} \times \frac{4}{5} \times \frac{4}{5} = 0.000\,419$$

显然，这个概率非常小，因为它表示的是我们得到一组特定答案的概率。它并不能证明阿伊莎是错的，因为得到任何一组特定答案的概率肯定都非常小。这个计算的意义在于，它使我们可以比较阿伊莎回答正确的可能性与其他人回答正确的可能性。

为便于理解，我们先比较阿伊莎的估计值为正确的可能性与查理的估计值为正确的可能性。查理声称100%的人都喜欢吃腌黄瓜，他回答正确的可能性是：

$$1 \times 0 \times 1 \times 0 \times 0 \times 0 \times 0 \times 1 \times 0 \times 0 = 0$$

根据他给出的比例，我们得到这组答案的可能性为零。在阿伊莎回答问题的那一刻，查理就被证明是错的。所以，阿伊莎赢得了这一局。安东尼估计的比例是7/15，他回答正确的可能性是：

$$\frac{7}{15} \times \frac{8}{15} \times \frac{7}{15} \times \frac{8}{15} \times \frac{7}{15} \times \frac{8}{15} \times \frac{8}{15} \times \frac{7}{15} \times \frac{8}{15} \times \frac{8}{15} = 0.001\ 09$$

安东尼回答错误的可能性低于阿伊莎，因为 0.001 09 大于 0.000 419。但它们都比不上正确的估算结果（4/10），后者的可能性是：

$$\frac{4}{10} \times \frac{6}{10} \times \frac{4}{10} \times \frac{6}{10} \times \frac{4}{10} \times \frac{6}{10} \times \frac{4}{10} \times \frac{6}{10} \times \frac{6}{10} = 0.001\ 19$$

比较有了结果！40%的可能性最大，因此我们应该采用这个估计值。

时间回到1912年，镜头终于停了下来，落在罗恩的肩膀上方，聚焦于他在纸上奋笔疾书的那些数学符号。他抬起头来，从烟斗里喷出一大口烟。"就是它了！"他叫道，"最大似然。"

100多年前的那个下午，那个剑桥学生看到了在他之前没有人见过的东西，就连高斯、拉普拉斯和贝叶斯这样伟大的数学家也没有见过。这个结果与他的同学们在隔壁房间里争论的数学结果大不相同。他们的计算虽然很有意思，但与现实世界的观察结果脱节了。罗恩努力寻找的目标正是现实和数学之间的联系，而他写下的方程式最终实现了这个目标。最大似然告诉我们如何正确地测量一切事物，包括政党的民意调查、植物生长的速度，以及我们对腌黄瓜和其他腌制食品的偏好程度等。

此后，罗恩（全名是罗纳德·费希尔）又花了12年的时间才完成了这个理论（统计学至今仍在使用的最大似然估计方法），并给它起了一个名字。费希尔是一个真实存在的人。虽然我不确定他是不是像我在上文中描述的那样提出这套理论的，但我们知道他的研究成果来自他在本科阶段最后一年写的一篇文章。费希尔在那篇文章中指出，计算最大似然估计是唯一正确的测量方法，不仅可以测量平均值（就像我们在上文中所做的那样），还可以测量与数据拟合的任意曲线的形状。

后来，费希尔的研究被视为统计学的基石。

统计学的力量

圣达菲暑期项目第一周的主讲教授是应用统计学家埃利娜·罗德里格斯。在周一的课上，她说她的任务是向我们展示如何在实践中最有效地利用数据。她通过实例告诉我们，如何估计人们身高的平均值和标准差，如何衡量统计关系的强度，比如吸烟和喉癌之间的关系。这和我的预期不太一样，因为埃里卡·珍的介绍强调了创新思想的重要性，而罗德里格斯则希望我们掌握基础知识。

第二天，在她的课结束后，我和那位瑞典计算机科学家埃丝特坐在一起吃午饭。

与其他人相比，埃丝特在这群人中显得有点儿超然，学术水平似乎高出其他所有人。她刚刚在帕克教授的指导下完成了她的硕士研究项目。按照暑期项目的计划，帕克教授会担任第二周的主讲教授。他在普林斯顿高等研究院工作，因为具有创造性的思想和善于运用数学模型去理解现实世界中的系统而闻名。

埃丝特说，她的硕士研究项目分析了在互联网快速发展的背景下人与人之间的关系。帕克认为，互联网的发展方式和人类大脑的结构之间可能存在着深层次的相似性，因此他试图分析这两个复杂系统各自表现出的基本相互作用。在我看来，跟我们上午从罗德里格斯教授那里听到的统计数字相比，这些东西更能激发人们的兴趣。

我们当天没来得及讨论细节，所以，为了做进一步的了解，我在第二天午餐时又去找了埃丝特。她和鲁珀特坐在一张桌子旁，离暑期项目的其他学生有点儿远。鲁珀特正在一张A4纸上做一些计算，每完成一步他都会做出解释。他说话的时候，埃丝特不时点头，偶尔还会用铅笔在纸上写些什么。

"他们在做什么？"我问马克斯和安东尼奥，他们俩坐在餐厅的另一张桌子旁。

"鲁珀特正在向埃丝特介绍他在经济学中使用的统计数据，教她如何避免最常见的错误、最大似然方法的原理、混淆相关性和因果关系的危险，诸如此类的东西……"马克斯说。

"她似乎很感兴趣。"我说。

"你是不是有点儿嫉妒你的英国老乡啊？"安东尼奥笑着说。

"没有。"我有点儿尴尬地回答道，"只不过我以为埃丝特已经掌握了那些东西。"

我告诉他们，埃丝特的硕士生导师是帕克教授，他擅长将纯粹的统计思维转向其他更深入的互动思维。所以，鲁珀特说的这些对埃丝特而言太简单了。

安东尼奥看着我。"这并不是说我们到了圣达菲就可以忘记统计学……"他说，精确测量在他自己的雨林动态研究中特别重要。就像其他人一样，他来这里是为了了解相互作用、混沌和复杂动态系统，他认为这些有助于解读生态系统的运转。但我们必须掌握基础知识，不能还没学会走路就先学跑。

"我还是觉得鲁珀特有点儿自以为是。"我说。

这不是重点，安东尼奥说。在很多情况下，衡量事物、做实验或看待问题都应该有一个正确的方法。"不管你怎么看鲁珀特，这一点都不会改变。"他说。

安东尼奥还想说些什么，但马克斯示意他闭嘴。

埃丝特站起来朝我们走来，鲁珀特紧随其后。她把他们写的那几张纸递过来，说道："我觉得我搞明白了。"

埃丝特说，她以前也学过统计学，但她更多地把统计学看作一种检验假设的方法，比如一种药物是否有效，或者一种肥料能否帮助作物更快地生长，但现在她发现统计学可能有更大的作用。她接着说，随着收集的数据越来越多（万维网上的数据在日益增多），我们将在人类行为中发现越来越多的规律。自动处理这些统计数据将是理解人类和划分人群的关键。

鲁珀特站在她身后，面露笑容，他显然对这位新皈依者的到来感到高兴。

"课还没开始呢，你们俩似乎就已经把所有问题都解决了。"我说。

埃丝特笑着说："我使用'圣达菲方法'已经有一段时间了。"

重温一遍基础知识是件好事。"

在说到"圣达菲方法"时，埃丝特用手指打了个引号，就像鲁珀特第一天说到"复杂系统"时做的动作那样。看到她用那个手势，鲁珀特偷偷地笑了。

但我可以看出，与鲁珀特的封闭思想不同，埃丝特的思想是开放的。甚至在我们的课程正式开始之前，在发现鲁珀特这位牛津经济学专业的学生知道一些她不知道的东西后，她就准备向他学习了。现在，这些知识变成了她手里那张 A4 纸上的一行行字迹。她甚至已经开始思考如何运用她刚刚学到的那些知识了。

我的博士生导师一直在谈论的就是这种态度：把名头放在一边，谦虚地追求我们不知道的东西。

多活 12 年

当伦敦的那几位朋友就腌黄瓜问题各抒己见时，贝琪觉得不应该继续争吵，而是接受意见无法统一这个结果。但她错了。平均值可以概括一群人对腌黄瓜或其他任何事物的看法，例如平均年龄告诉我们这几位朋友是千禧一代，收入中位数让我们对他们的经济状况有所了解。这些估计并不适用于所有人的情况，但我们在了解一个群体时只能做到这个程度。只要从足够多的人那里收集到足够多的数据，我们就能通过强有力的手段完成稳定可靠的测量。

以健康建议为例。来自伦敦的这些朋友正在谈论他们最喜欢的话题之一：饮食。有很多饮食法可供他们选择。苏琪一直在尝试阿特金斯低碳水化合物饮食法，索菲更喜欢地中海饮食法，约翰考虑效仿旧石器时代的狩猎–采集生活方式，而理查德阅读了大量有关低脂饮食的文章。网上流行两种观点不同的饮食法，巧合的是，它们分别得到了两位综合格斗选手的推崇。一边是詹姆斯·威尔克斯推崇的素食饮食法，网飞纪录片《规则改变者》对其做了专题报道；另一边是播客主持人乔·罗根基于野生动物（最好是乔自己猎杀的）和新鲜蔬菜的饮食法。除了这两种饮食法，吸引我们注意力的还有另外一些提倡每周饿两天、禁糖、素食或严格素食的饮食法。

苏琪、索菲、约翰和理查德能从所有这些方法中找出可能最有益于他们健康的饮食法吗？

2014年，戴维·卡茨和苏珊娜·梅勒在《公共卫生年鉴》上发表了一项综合调查，解决了这个问题。他们的结论是：答案取决于问题是什么。如果问题是能否找到科学证据证明地中海饮食法或旧石器饮食法比阿特金斯饮食法和素食饮食法更有益，那么答案是否定的。威尔克斯所谓的改变游戏规则的纯素饮食法也无法战胜罗根的狩猎–采集者饮食法。遵循这些饮食法的人群在健康方面没有表现出显著差异。

然而，如果问题是能否找到一份关于健康饮食的通用指南，那么答案毫无疑问是肯定的。科学明确指出，只要避免食用太多的加工食品，同时大量食用完整的、未经加工的蔬菜和水果，那么吃什么并不重要。严格遵循上面列出的饮食法，都能摄入这些必需品。正如卡茨和梅勒总结的那样，健康饮食的关键是，"以植物性食物为主，且不暴饮暴食"。就是这么简单！

但我们必须注意一些事实。低糖饮食有助于缓解炎症。为了快速减肥而采取素食饮食法的青少年并不都能充分意识到他们需要补充什么营养。阿特金斯低碳水化合物饮食法最初强调要吃红肉，这是不环保的。同样，如果我们都像乔·罗根希望的那样自己猎取食物，许多野生动物就会在几周内灭绝。但这些都不能改变一个更重要的事实：健康饮食就是要吃绿色蔬菜，并避免摄入所有袋装、盒装和罐装的加工食品。

食品行业和不少媒体都不希望我说得如此直截了当。普通的美国超市中有超过4万种产品，其中大多数都是加工食品，许多还标有"对健康有益"的营销信息。

这些信息钻了人们尚未在健康饮食上达成共识的空子，强调应选择脂肪或碳水化合物含量低的食物，却没有提到这些食物是深度加工产品，仅仅是脂肪或碳水化合物含量低还不够。具有讽刺意味的是，对你有益的食物（新鲜的鱼、肉、水果和蔬菜）往往不需要做任何营销。

这些关于健康饮食的深刻见解是毋庸置疑的。科学家不仅对我们的饮食方式进行了大规模、长期的统计研究，还对我们各个方面的生活方式进行了研究。伊丽莎白·科瓦韦克（现在是挪威公共卫生研究所酒精、烟草和药物部门主任）在1985年至2005年的20年时间里，研究了英国各地4 886人的生活（和死亡），并和她的同事利用最大似然估计法估算了人类死亡率与生活方式之间的关系。我们所有人都应该从她的发现中汲取教训。

具有4种不健康行为［吸烟、每周饮酒超过14个单位（男性超过 21 个单位)、每周运动少于两小时、每天吃少于三份蔬菜瓜果]的人在 20 年研究过程中的死亡率为 15%。没有任何不健康行为的人的死亡率低于 5%。杜绝这 4 种不健康的生活方式可以使死亡率降低 2/3(从 15% 降至 5%)。正如科瓦韦克和她的同事所指出的,"从全因死亡率这个角度看,与没有这些不健康行为的人相比,有 4 种不健康行为的人相当于衰老了 12 岁"。

生活方式研究确实适用于我们每个人。健康饮食、经常锻炼、少喝酒和不吸烟都能帮助你延年益寿。也许它们不一定能让你正好多活 12 年(可能是 10 年,也可能是 15 年),但它们确实施加了相当大的可估量的影响。在健康问题上,统计思维是有效的。

正确的方法只有一种

罗纳德·费希尔通宵达旦地完成了他的成果——一篇题为《关于拟合频率曲线的一个绝对准则》的论文。他把文章发表在一份不重要的大学期刊上,然后耐心等待着,他确信自己会得到认可。

但事与愿违。他的同事中很少有人读过他的论文,而读过的人也觉得它无趣。对费希尔的同行来说,论文涉及的数学知识是微不足道的,他们没有理解其中暗含的信息——统计测量应该有一种正确的方法。对一个从十几岁起就凭借自己的智力频频获奖的 21 岁的年轻人来说,其他人的这种平淡的反应让他备感沮丧。

坏消息接踵而来。罗纳德·费希尔家境贫寒,父亲一度赚了些钱,但随后又一贫如洗。他的视力不好,这导致他没能如愿参加

1914年爆发的第一次世界大战。他别无选择，只好去当小学老师。他极其厌恶这份工作。同事认为他冷漠无情，学生因为他不与他们交流而变得不服管教。他对自己的研究工作得到认可不再抱任何希望，他认为这都是因为人类愚蠢至极。他坚信，要解决这个问题，就必须繁育出更聪明的人类，提高人类的平均智商，创造一个全部由开明的人组成的社会。

就像今天愤怒的年轻人在网上聊天室讨论禁忌话题时可能会找到志趣相投的人一样，费希尔在为《优生学评论》等出版物担任编辑和撰稿的过程中也找到了志同道合的伙伴。聚会时，他抱怨说他的国家中"劣等人繁育的人口要多于优等人生育的人口"，而拯救人类的唯一途径是让具有"科学洞察力，尤其是充分了解人类卓越品质"的男性找到优秀的女性为伴侣并繁衍后代。他认为即将到来的战争甚至会帮助人类找到一条前进的道路，并指出"民族主义可能会发挥重要的优生功能"。愤怒和沮丧让费希尔迷失了自我。

费希尔的开悟源于他的一个最初看似奇怪且不切实际的决定：1917年，这位三心二意的学者决定做个农民。这是他展示男子气概的一种方式。在未能参战后，他相信他可以通过农田耕作所展示的力量和耐力来证明他对英国这个民族的价值。但费希尔最终的突破和成功并非源于他的辛勤耕作：他把经营农场的事务留给了怀孕的年轻妻子艾琳，还有她的姐姐——伦敦社交名媛杰拉尔丁·吉尼斯（费希尔称她为古德鲁娜，因为她长得像这位北欧女神），后者与丈夫离婚后，就跟他们一起生活并资助了费希尔的冒险行动。他的成功也不是直接源于他对动物、作物和牛奶进行的随意实验。这些实验只会浪费古德鲁娜更多的资金。他们的生活一度刚刚满足温饱，但费希尔还是花了100英镑（大约是当时平均年薪的一半）买了一台牛奶均质机，却根本用不上。

相反，他取得成功是因为他引起了洛桑实验站站长约翰·罗素爵士的注意。罗素希望能找到一位古怪的数学家来"检查我们的数据，找出我们漏掉的信息"。一个前剑桥"牛仔"和两个女人住在破败的农场里，仓库里堆满了古怪的实验设备，所有这些都与这份工作完美契合。于是，罗素为费希尔提供了一个研究职位。

现在切换到1919年洛桑实验站的下午茶场景。这个深受喜爱的传统是从W.布莱切利小姐成为那里的第一位女性员工时开始的，因为正如约翰爵士在向其他人介绍费希尔时所说的，"没有人知道该怎么对待女同事，但我们都认为她肯定喝茶"。

费希尔热衷于参加这些定期聚会。他蹲在地上，其他人则围在桌子旁喝茶。他衣衫褴褛，身体前倾，一边与人交谈，一边吞云吐雾。他会不时驱散同伴面前的烟雾，仿佛那些烟雾不是来自他的烟斗。他慢条斯理、滔滔不绝地谈论着他对一些微妙话题（尤其是种族问题）的看法，全然不顾身边还有严肃认真的年轻女性，她们已经尴尬得满脸通红了。

正是在这种情况下，费希尔问缪里尔·布里斯托尔博士要不要给她倒一杯茶。她拒绝了，说她更喜欢先倒牛奶。费希尔对此表示怀疑："胡说，这肯定没什么区别！"周围人也开始劝说她，但布里斯托尔博士不为所动。她知道她能尝出味道有所不同。

费希尔根本无法在没有证据的情况下接受这样的主张，不管它是多么微不足道。于是，他和另一位同事威廉·罗奇（后来与布里斯托尔结婚了）一起组织了一项实验。

参加茶会的所有人都知道，仅用两杯茶测试是不够的。单凭运气，布里斯托尔博士就有一半的概率是正确的。罗奇提议进行一组配对测试，每次给她两杯茶，看看她是否每次都能发现差异。在这种情况下，她连续两次获得好运气的概率是 $1/2 \times 1/2$，即 $1/4$。同理，她连续 3 次获得好运气的概率是 $1/8$，连续 4 次是 $1/16$。这当然是一个有效的测试。她不太可能仅凭运气就连续 4 次通过测试。

但费希尔并不满足，因为他希望找到最佳测量方法。他拒绝了罗奇的提议，而是让女服务员倒了 8 杯奶茶——4 杯先倒牛奶，4 杯先倒茶，然后随机地把它们放在托盘上。接着，他让布里斯托尔博士找出先倒牛奶的那 4 个杯子。

"这与我的方式究竟有什么不同呢？"罗奇困惑地问。毕竟，两种方法都使用了 8 杯茶。

费希尔回答说："如果她不能正确分辨，那么她全对的概率现在变成了 $1/70$，这远远小于 $1/16$。这个测试方法更加严格，事实上，这是最严格的测试。"

为了理解费希尔为什么是正确的（再一次），我们可以考虑服务员摆放杯子的所有可能方式。当她摆放第一个杯子时，她可以从 8 个杯子中任意选择一个；摆放第二个杯子时，她有 7 个杯子可供选择，以此类推。这意味着摆放 8 个杯子有 $8 \times 7 \times 6 \times 5 \times 4 \times 3 \times 2 \times 1 = 40\,320$ 种方式。其中一些摆法在某种意义上是相同的，因为先倒牛奶和先倒茶的杯子排出的先后次序是一样的。我们可以先计算出这些相同顺序的数量：摆放所有先倒牛奶的杯子有 $4 \times 3 \times 2 \times 1 = 24$ 种方式，同理，摆放所有先倒茶的杯子有 $4 \times 3 \times 2 \times 1 = 24$ 种方式。然后，做如下计算：

$$\frac{4 \times 3 \times 2 \times 1 \times 4 \times 3 \times 2 \times 1}{8 \times 7 \times 6 \times 5 \times 4 \times 3 \times 2 \times 1} = \frac{24 \times 24}{40\,320} = \frac{1}{70}$$

计算结果就是每种杯子排列方式出现的概率。如图 1–1 所示。

在所有可能的先后次序中，只有一个是正确答案，因此布里斯托尔博士只有 1/70 的概率说对所有 4 个先倒牛奶的杯子。也就是说，除非她真能分辨出味道上的差异⋯⋯

她确实可以。令大家惊奇的是，她一个接一个地将 4 个先倒茶的杯子与 4 个先倒牛奶的杯子区分开来。布里斯托尔博士证实了她的这种能力。

费希尔否认布里斯托尔博士有这种能力的话是错误的。但在同事眼中，他证明了一件事：他们意识到，这位衣衫褴褛的数学家具有超群的实验设计能力，他的方法使他们的实验在开始之前就增加了成功率。罗纳德·费希尔的方法在洛桑实验站被广泛采用，随着时间的推移，外面的生物学家和临床医生也开始采用他的方法。因为费希尔研究的是非常实际的问题，所以他的天才之举终于得到了认可。但认可他的不是争论不休的剑桥数学家，而是全世界的生

第1对 第2对 第3对 第4对

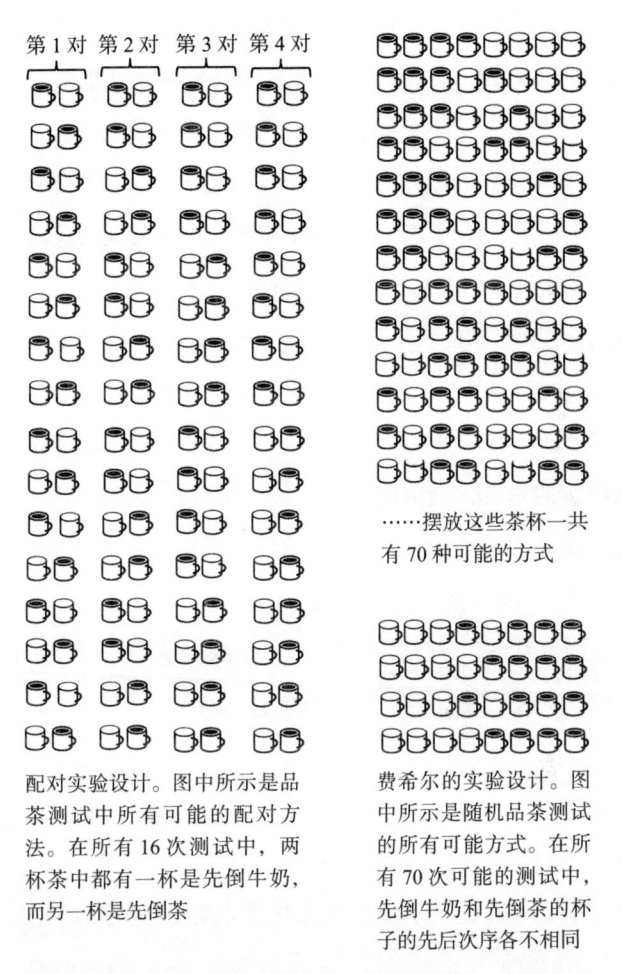

……摆放这些茶杯一共有70种可能的方式

配对实验设计。图中所示是品茶测试中所有可能的配对方法。在所有16次测试中,两杯茶中都有一杯是先倒牛奶,而另一杯是先倒茶

费希尔的实验设计。图中所示是随机品茶测试的所有可能方式。在所有70次可能的测试中,先倒牛奶和先倒茶的杯子的先后次序各不相同

图1-1 如何测试布里斯托尔博士辨别某个杯子里先倒的是牛奶还是茶的能力

物学家。后来,一位美国统计学家打趣说:"费希尔教会了实验人员如何做实验。"

第1章 统计思维　　027

接下来，让我们回到 5 年后的今天。我们这部影片的男主角罗纳德·费希尔站在一大片麦田里，向一群年轻男女详细解释如何测量不同地块的产量。他会随机地为每个地块准备一个处理方案，以尽量减少偶然出现有统计意义的结果的可能性。令人振奋的音乐响起，镜头向后上方拉远，随后出现了一些实验和发现的剪辑，所有这些都是基于费希尔的想法才得以实现的。

罗纳德·费希尔的科学研究最终得到了应有的认可。他在洛桑实验站所做的研究，是当今包括微生物学和社会学在内的各个领域的科学家设计和实施实验的基础。他的"自然选择基本定理"成为进化生物学的基石，众多同行认为他对统计学理论的贡献在整个 20 世纪都是无与伦比的。1933 年，他离开洛桑实验站，赴伦敦大学学院任教，后来又回到了他的母校剑桥大学。

年轻的罗纳德·费希尔是对的：正确的测量和处理数据的方法只有一种，它就隐藏在无数不正确的方法之中。

你幸福吗？

费希尔的研究证实了随机设计是建立实验或观察研究的最佳方式，并为解读研究结果提供了一个基本框架——最大似然。在接下来的 100 年里，他的统计方法影响了临床试验、心理学问卷、社会学调查和商业分析，甚至为社交媒体巨头分析我们的在线互动情况奠定了基础。费希尔在剑桥大学和洛桑实验站的研究，正是我们现在大量收集生活各个方面的数据的原因。

在很多情况下，我们可以利用研究结果更好地了解自己，这一点从生活方式的选择可能有助于人们延年益寿就可见一斑。

但是，数字在发现健康生活方式方面取得的成功，并不意味着我们需要遵循我们听到的每项科学研究的建议。我们需要学会观察数字并询问它们到底能告诉我们什么。

从我们上一次聚会开始，阿伊莎和安东尼一直在打磨他们的统计技能，贝琪在学习如何成为一名更有建设性的怀疑论者，查理则在报纸和网络上阅读了大量文章，搜寻关于幸福感的科学研究。

查理发现网上有一份《全球幸福指数报告》。自2005年以来，该报告的作者每年都会分析盖洛普全球调查取得的民调结果。这项调查在160个国家进行，覆盖全球99%的人口。调查员会在每个国家随机采访一些人，请他们回答100多个问题，内容涉及收入、健康和家庭，包括以下这些关于幸福感的问题：

> 综合考虑，你如何评价自己这段时间的总体生活满意度？如果满分为10分，0分表示不满意，10分表示满意，你会打多少分？

调查对象给出的分数可以作为衡量其幸福感的标准。在继续阅读之前，请你先在脑海中回答这个问题。如果满分为10分，你对生活的满意度可以打几分？

不同国家的居民会给出不同的答案。我在前文中给出了2022

年英国人的平均分。这一年，英国的幸福指数为 6.94，在全球排名第 17 位。排名第一的国家是芬兰，得分为 7.82。总的来说，斯堪的纳维亚半岛和其他北欧国家排名最高。美国排名第 16 位（比英国高 0.03）。中国的得分是 5.59，排在第 72 位，在所有被调查国家中大致处于中游。处于中游的国家还包括黑山、厄瓜多尔、越南和俄罗斯。再往下，可以看到许多非洲国家（例如，乌干达和埃塞俄比亚分别排在第 117 位和第 131 位）和中东国家（例如，伊朗排在第 110 位，也门排在第 137 位）。2022 年世界上最不幸福的国家是阿富汗，幸福指数仅为 2.40。

为便于了解国与国之间的差异，安东尼将这些国家的平均预期寿命与它们的幸福指数进行了对比，如图 1-2a 所示。图中的每个圆点分别代表一个国家。横轴表示该国的预期寿命，纵轴表示其生活满意度的得分，总分为 10 分。一般来说，一个国家的预期寿命越长，其幸福指数就越高。

我们可以经过这些点画一条直线，以量化的方式表示幸福指数随预期寿命增加而增加的关系。例如，假设某个国家的居民预期寿命每增加 12 岁，幸福指数就会增加 1 个点。在这种情况下，可以得到如下幸福指数公式：

$$幸福指数 = \frac{1}{12} \times 预期寿命$$

例如，如果这个国家的预期寿命是 60 岁，上述公式预测的幸福指数就是 60/12 = 5。如果预期寿命是 78 岁，幸福指数就是

78/12 = 6.5。

我们可以把这个方程表示成一条经过各个点的直线,如图 1-2b 所示。如果你把手指放在横轴示数 60 这个位置(出生时的预期寿命)上,向上移动至实线处,然后读出它的纵坐标,你就会看到幸福指数是 5。同样,如果从 78 岁这个预期寿命开始,你就会发现幸福指数为 6.5。上述方程中的 1/12 是这条直线的斜率:我们沿着横轴移动 12 年,纵轴表示的幸福指数就会增加 1。

这条直线(它预测幸福指数是预期寿命的 1/12)是描述幸福指数和预期寿命之间关系的众多线中的一条。问题是,这条直线是不是"最佳"的那条线?1/12 的斜率看起来大致正确,但这是费希尔要求的最大似然线吗?记住,在众多错误答案中,只有一个正确答案。

为了找到正确答案,我们首先需要测量直线和所有点之间的距离。图 1-2b 表示的是我们根据上面这条直线得出的测量结果,根据这条直线的预测,幸福指数是预期寿命的 1/12。贝宁、也门、克罗地亚、美国、英国和芬兰等国家与实线之间的虚线,表示这些国家的预测结果(实线)与实际情况(代表各个国家的圆点)之间的差距。

如图 1-2c 所示,平均而言,最接近所有圆点的直线可以由下面这个方程给出:

$$幸福指数 = 0.123 \times 期望寿命 - 2.425$$

这条直线的斜率比图 1-2b 中的那条直线略陡,截距为 -2.425

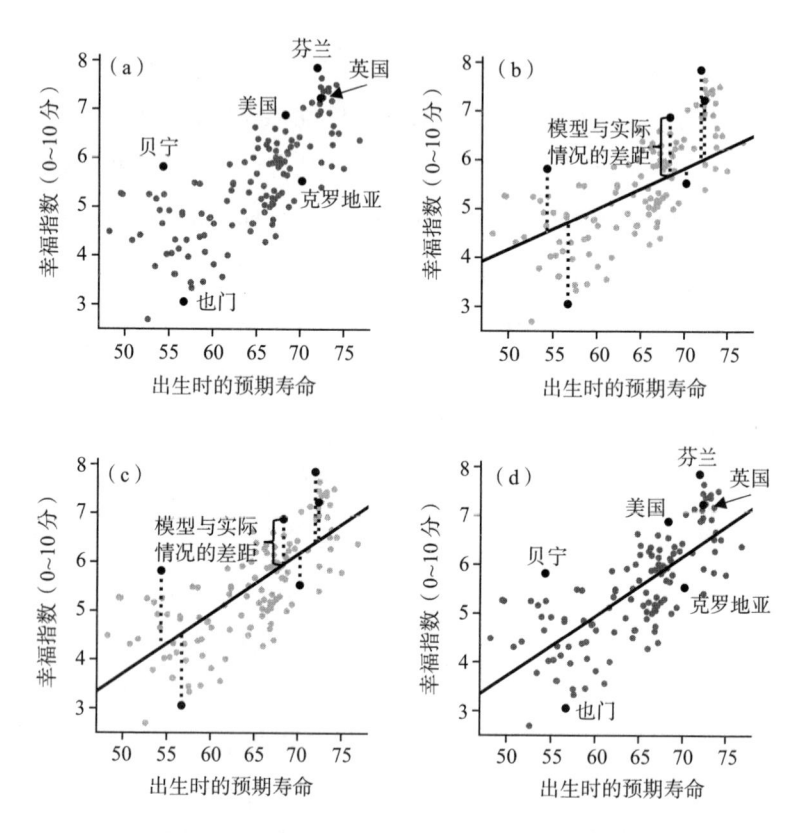

图 1-2　全球 136 个国家居民出生时的预期寿命与幸福指数之间的关系。详情参见《2019 年全球幸福指数报告》。(a) 每个国家分别用一个灰色圆点表示，其中某些国家用黑色突出显示。(b) 在幸福指数和预期寿命之间存在一种斜率为 1/12、截距为 0（图中未显示）的潜在直线关系，如正文所述。与实线相连的虚线表示该国模型与实际情况之间的差距。(c) 幸福指数与预期寿命之间的最大可能直线关系的斜率为 0.112，截距为 -2.41。(d) 一旦模型拟合数据，就可以比较不同国家的模型与实际情况的契合程度

（在第一个方程中截距为0）。

我说过，第二条直线（图1-2c中的直线）比第一条直线（图1-2b中的直线）更接近那些圆点，但我怎么知道费希尔是否会满意呢？为了回答这个问题，我们将直线与所有点之间距离的平方相加。例如，美国的幸福指数为6.88，预期寿命为68.3岁。第一个方程（图1-2b）的预测结果是：

$$美国的幸福指数 = \frac{1}{12} \times 68.3 = 5.69$$

这意味着预测结果和现实情况之间差距的平方是$(6.88-5.69)^2 = 1.416$。第二个方程（图1-2c）的预测结果是：

$$美国的幸福指数 = 0.123 \times 68.3 - 2.425 = 5.98$$

这意味着预测结果和现实情况之间差距的平方是$(6.88-5.98)^2 = 0.8100$，小于第一个方程的值1.416。这说明至少对美国来说，第二个方程比第一个更接近现实情况。

我们针对每个国家和每条直线重复上述计算，然后对所有国家的值求和。在统计学中，这种方法叫作计算距离平方和。我们认为最佳拟合线是距离平方和最小的那条线。图1-2b中直线的距离平方和为82.84，而图1-2c中直线的距离平方和较小，为71.76，所以第二条线比第一条线更接近现实情况。在为本书创建的网页上，我逐步完成了计算这些距离平方和的过程（更多细节可参阅注释）。我还证明了第二个方程不仅优于第一个方程，就距离平方和而言，它也是最接近各国数据的那条线。平均而言，没有其他任何一条线比这条线更接近各个国家的数据点。但这并不意味着对所有国家来说它都是最好的。例如，图1-2b中的那条线与克罗地亚的数据距离更近，但从平均值来看，还是图1-2c中的那条线更接近各国的数据。

安东尼和阿伊莎正坐在电脑前，欣赏着他们拟合幸福指数的那条线，这时贝琪走了进来。

安东尼想起在讨论腌黄瓜问题时贝琪请大家搁置争议，于是对阿伊莎小声说道："我们再来一次吧。在她提出疑问前，我们先把我们的发现告诉她。"

贝琪还没来得及张口，阿伊莎就说寿命更长、身体更健康的人也更幸福，所以幸福的秘诀是长寿。经过数据点的那条直线就是这种关系的证明。

但这一次贝琪也有备而来。她阅读了《全球幸福指数报告》，那些数据就来自该报告。她告诉他们，她发现预期寿命并不是与幸福指数相关的唯一指标。在研究跨国数据时，她发现幸福指数与国内生产总值（GDP，衡量经济财富的指标）、与就"你对自己选择生活方式的自由度是否感到满意"这个问题给出肯定回答的人的比例、与该国居民的人均慈善捐款额、与居民对该国腐败问题的看法等指标之间也存在这种直线关系。贝琪告诉安东尼和阿伊莎，预测幸福感的最好指标只有一个，那就是人们是否觉得自己得到了周围人的支持。这个指标甚至比预期寿命还要好。在被问到"如果你遇到麻烦，你有可以随时求助的亲朋好友吗？"这个问题时，如果居民更有可能给出肯定的回答，那么这些国家的生活满意度会更高，也就是说他们生活得更加幸福。

贝琪说，幸福指数和预期寿命之间的关系极其复杂，涉及很多相互关联的因素，如果用直线模型表示就过于简化了。

她说："根据这些数据，我们根本不可能知道一个人是否感到幸福，也就无法对个人幸福感这个问题发表任何看法。"

这一次，贝琪是对的。

为《全球幸福指数报告》整理数据的约翰·赫利韦尔及其同事，强调了社会基础在提升幸福感方面的重要性。当我们有选择时，当我们周围的人慷慨、友善时，当我们没有受到贫穷的困扰时，当我们有可能长寿时，我们的幸福感就会油然而生。但是，我们在解释这些结果时必须小心谨慎。仅凭跨国比较数据，我们无法知道哪些因素会直接影响幸福感，而哪些因素只是碰巧与之有关。我们不知道更好的医疗保健或社会支持是否会增加幸福感，也不知道居民人生观更积极的国家是否会建立更好的医疗保健和社会支持。我们知道的是，如果一个国家更稳定、更繁荣、社会支持力度更大，那么居民往往会认为自己更幸福。

与我们之前看到的大规模的健康研究不同，我们不能依靠全国性的问卷调查结果来谋求我们的个人幸福。赫利韦尔及其同事研究的大多数因素都不受你的控制。芬兰人说他们很幸福，但这并不意味着你搬到芬兰就一定会更幸福。仅仅知道自己会长寿也不能保证你一定会对生活感到满意。经济发展、医疗保健服务、社会保障、民主及言论自由之间存在着复杂的关系，这是我们在数据中看到相关性的根本原因。简单地说，在进行国家之间的比较时，我们无法区分出因果关系。

提升个人幸福感

如何找到使个人幸福感提升的原因呢？这几位朋友决定把重点从国家比较转向关注个人的研究。

一篇文章的标题"是的，你可以买到幸福……如果你通过花钱来节省时间"引起了查理的注意。这篇发表在《今日美国》上的文章说，心理学研究人员发现，花钱购买家政、送货和出租车服务的人比那些不愿在这些方面花钱的人更快乐。这项研究是由不列颠哥伦比亚大学教授伊丽莎白·邓恩及其同事完成的，其中包括哈佛大学工商管理助理教授阿什利·惠兰斯。查理从《美国国家科学院院刊》网站上下载了这篇科研论文，希望对他们4个人的研究有所启发。

邓恩和她的同事首先调查了美国、加拿大、丹麦和荷兰人的消费方式与幸福感。他们使用的方法与我们之前看到的盖洛普民意调查类似，但他们分析的对象是个人而不是国家。这与查理和他的朋友们关系更密切，他们显然是人而不是国家。研究人员发现，每月在节省时间方面花钱更多的人，生活满意度也更高。

查理把研究结果告诉了阿伊莎和安东尼，三个人意识到他们可以用新掌握的统计技能具体查看研究数据。邓恩的长期合作伙伴之一、西蒙弗雷泽大学心理学教授莱拉·阿克宁，基于他们的多项幸福度科学研究创建了一个数据库，这是心理学研究的黄金标准。数据库中的所有数据都是匿名的，调查对象的身份无法识别，这为其他研究人员（甚至是像阿伊莎和安东尼这样的业余爱好者）更好地理解和验证研究结论创造了条件。

阿伊莎和安东尼首先查看了一项在美国进行的问卷调查的数据。不愿意花钱节省时间的受访者的平均幸福指数为 6.70，而愿意花钱节省时间的受访者的平均幸福指数为 7.22。这种差异不可能是偶然的，因为有 1 000 多人接受了调查。

他们把调查结果告诉了贝琪，但贝琪仍然持怀疑态度。她说："每个人都不一样。这个结果并不意味着所有愿意花钱节省时间的人的幸福指数都比不愿意花钱节省时间的人高出 0.5，不是吗？"

为了回答贝琪的问题，安东尼画了两幅幸福感直方图，分别表示愿意花钱节省时间的人和不愿意花钱节省时间的人（见图 1–3）。从这两幅图中我们看到，贝琪担心的问题确实存在：人们的幸福感差异很大，而这两组之间的差异很小。不愿意花钱节省时间的人得 5 分和 6 分的频率略高，而愿意花钱节省时间的人得 9 分或 10 分的频率略高，但这两组都有很多人得 7 分和 8 分。

阿伊莎把她完成的一项统计测试的结果告诉了贝琪。她从愿意花钱节省时间的人群和不愿意花钱节省时间的人群中分别随机挑选一个人，然后比较他们的幸福感。通过重复这个过程 10 万次（使用电脑），她算出了愿意花钱节省时间的人感到更幸福的比例，这一比例仅为 55%。

你可以想想你是如何回答我之前提出的"综合考虑，你如何评价自己的……满意度？"这个问题的，并综合考虑这个结果。如果截至目前你每个月的预算都没有用在节省时间上，那么55%这个值说明了一个问题：如果你这样做了，就有可能收获更多的幸福。同样，如果你目前确实把一部分预算用在了节省时间上，那么你不花这笔钱的话，你感到更幸福的概率是45%。把钱花在节省时间上是有道理的，但不能保证会得到什么结果。如果花钱后没有任何效果，你感到更幸福的概率应该是50%。

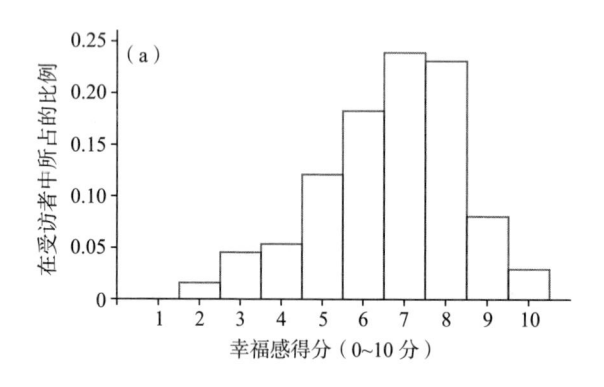

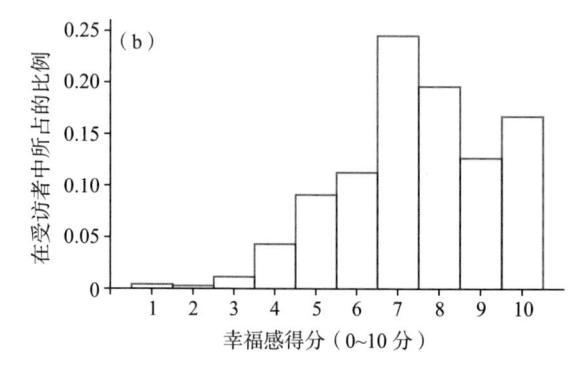

图1-3 幸福感直方图。图中分别展示了（a）不愿花钱节省时间的人和（b）愿意花钱节省时间的人的不同幸福指数占比

受访者报告了他们每月在物品、体验和节省时间的服务这三个方面的支出。安东尼通过这些数据计算并绘制出距离平方和最小的直线。他发现，在节省时间上每多花 100 美元，幸福指数就会提高 0.31 分。因此，当节省时间方面的支出从每月 0 美元增加到每月 300 美元左右时，你的幸福指数就会增加接近 1 分。这个直线模型还显示，增加体验支出的效果是节省时间支出的一半，而增加物品支出的效果只有节省时间支出的 1/5。这一分析表明，并不是花钱本身让我们感到更幸福，而是节省时间带来的幸福感远多于购物，购买体验的效果也在一定程度上优于购物。安东尼的分析进一步表明，在增加的支出超过 300 美元后，花钱带来的回报是递减的，所以在节省时间上投入更多的钱是不值得的。

这个分析得到了查理的赞赏。这一次，他觉得他可以用自己选择的生活方式来解释结果：把钱花在节省时间上虽然对他个人可能不起作用，但仍值得一试。然而，贝琪还担心一个问题。她说："这并不能证明花钱节省时间就能让人感到幸福，也有可能是幸福感高的人更愿意花钱节省时间。"

这样的问题可以通过设计巧妙的实验来回答，就像费希尔在他的品茶实验中所采取的方法，以及他提出的测试不同作物生长的方法那样。找到背景大致相似的人，然后将他们随机分为两组，就可以测试特定干预措施的效果。

邓恩和她的同事就进行了这样一个实验。研究人员在科学博览会上招募了一些人，某一周给他们 40 美元作为节省时间的开支，另一周（先后次序不定）给他们 40 美元用于购物。两种花钱行为

第 1 章　统计思维　　039

的顺序是随机的。阿伊莎研究了60名实验参与者在两种情况下分别购买了什么，以及由此产生的幸福感差异。例如，一位女士第一周买了"眼线笔和化妆品"，第二周"打了一辆出租车，给了司机小费"，她第二周的心情要快乐得多。一位男士第一周买了一套"户外运动设备"，第二周用那笔钱享用了一顿"家庭晚餐"，晚餐后他的幸福感要高得多。而在某些情况下，结果正好相反。一位女士在购买"登山装备"后的幸福感要高于"做指甲"后的幸福感。总的来说，参与研究的60人中有26人在花钱节省时间后的幸福感更高，有14人在购物后感到更快乐，有20人则没有什么区别。

为了解释这一结果，我们需要理解统计学中的两个重要概念：显著性和效应量。统计显著性衡量的是研究结果由偶然因素导致的可能性。考虑在花钱节省时间或购物后感到更快乐的那40个人的具体情况。如果把钱花在哪个方面都不会有任何区别，那么我们可以预期其中20个人在花钱节省时间后感到更快乐，20个人在购物后感到更快乐。如果我们发现有21或22个人在花钱节省时间后感到更快乐，我们就不能急于得出花钱节省时间肯定会让人更快乐的结论，因为像这样微小的差异可能是偶然现象。

问题是，如果40个人中有26个人在花钱节省时间后感到更快乐（花钱行为改善了他们的心情），那么我们是否可以用偶然现象来解释呢？有一个很简单的验证方法：计算抛硬币40次后得到26次或更多次正面的可能性。这个概率为2%左右，说明它出现的可能性极低，因此我们可以说这个结果具有统计显著性。

统计显著性与效应量不同。在这项研究中，节省时间和购物之间的幸福指数差异中值为 0.167（幸福指数总分为 5 分），对幸福感的影响很小。阿伊莎通过随机选择两个人（一个人把钱花在节省时间上，另一个人则没有这种行为）进行比较，发现效应量同样很小。在 45% 的两两比较中，没有把钱花在节省时间上的人感到更快乐。这个结果同样具有统计显著性（不能简单地用偶然现象来解释）。不过，即使花钱节省时间对幸福感没有影响，在两两比较中，我们也会预期花钱节省时间的人感到更快乐的比例是 50%（就像我们预期抛硬币时有一半的次数是正面朝上一样）。与 50% 相比，45% 的效应量相当小。

当看到报道科学研究的头条新闻时，我们需要重点考虑统计显著性和效应量，以及因果关系。

我们之前看到的关于生活方式和寿命长短的研究具有统计显著性和因果关系，并且效应量很大（多了 12 年寿命）。关于预期寿命和幸福指数之间关系的那项跨国研究也具有统计显著性，效应量也很大，但没有确定的因果关系。关于花钱节省时间和幸福感的那项研究有因果关系，并且通过了统计显著性检验，但效应量很小。

所以，当你下次阅读头条新闻、观看鼓舞人心的 TED（技术、娱乐、设计）演讲或点击承诺会带给你快乐的链接时，想想这三个方面——因果关系、统计显著性和效应量。如果三者都站得住脚，才说明那项研究适用于你。

愤怒的老人

在我们去上本周倒数第二次课的路上,鲁珀特对我说:"看到罗德里格斯的名字和她所属的大学(纽约州北部的一所学校),我对她有点儿质疑,但她的课讲得很好。我知道今天的课要讲罗纳德·费希尔,必须承认,我很钦佩费希尔。"

鲁珀特说,费希尔是他的科学偶像之一。费希尔不仅从事实验设计、最大似然估计和统计理论等方面的研究,还在遗传学和数学生物学领域做出了巨大贡献。对鲁珀特来说,费希尔充分展现了在现代科学领域取得成功所需要的那种自信。

鲁珀特说,有时费希尔可能显得有点儿苛刻。例如,他的开创性著作《实验设计》在1934年出版后,《英国医学杂志》上热评如潮,但费希尔对他在洛桑实验站进行的实验受到的随意评论感到不满。他写信给该杂志,不仅确切地说明了描述这些实验用了多少页纸,还强调他的结果不仅来自农业,他在其他研究领域也得到了同样的研究结果。

费希尔和他的统计学家同行们有过一段传奇的通信经历,他称他们为"数学家",并认为世界各地的统计学教授都没有认识到他的才华。之所以称他们为"数学家",是因为在费希尔看来他们的研究是抽象的,而他的研究则与现实联系在一起。这些数学家在同他争论时很少获胜。鲁珀特说,费希尔的统计学水平、生物学知识和创造性思维是几乎所有同行都无法比拟的。他的一位同事说,他"对独创性、正确性、重要性、名气和尊重的渴求比其他所有人都更强烈"。

我们在教室里坐下后,鲁珀特最后说道:"如果我们都像费希尔一样满怀热情,严谨地追求自己的想法,都有可能取得伟大的发现。因此,我们不要被他们在接下来的几周里灌输给我们的关于复杂性的知识冲昏了头脑。"

罗德里格斯教授站在教室前面,等待我们安静下来。直到全场鸦雀无声,她才一言不发地用投影仪投射出一张罗纳德·费希尔的照片。

"对很多人来说,罗纳德·费希尔是一位英雄。"她开口说道,"以他作为切入点来理解奠定科学基础的统计方法,是一个很好的选择。但费希尔还有另一面,这也是我们今天要讲的主题……"

罗德里格斯告诉我们,费希尔在工作中争强好胜、固执己见,经常大声呵斥与他持不同意见的人。费希尔的一个朋友形容他"脾气古怪、喜欢吵架、固执己见,而且极其主观"。他在家里的表现甚至更糟。他的女儿、传记作者琼·费希尔·博克斯曾目睹他"怒火冲天……恨不得把他的妻子撕成碎片"的场景。第二次世界大战期间,他的一个研究项目被叫停,这让他变得更加愤怒、残暴、偏执,并开始"虐待"他的妻子。如果孩子们敢为母亲辩解,他就打他们耳光,让他们闭嘴。

罗德里格斯对费希尔的介绍引起了一些学生的惊叹,而有的人则不以为然地摇摇头。她刚说完,鲁珀特就迫不及待地举手问道:"费希尔的家庭生活和他的科学研究有什么关系吗?"

第 1 章 统计思维 043

"嗯,"罗德里格斯回答说,"这个在'二战'期间被叫停的项目与优生学有关,其目的是找出动物和人类的最佳繁育方法。费希尔认为有些人天生劣等,而有些人天生优越。他想确保'更优秀'的人能够生育更多孩子。"

年轻的费希尔看到人类同胞在智力和成功这两个方面表现各异,他坚信这是种族差异造成的结果。他认为不同的社会阶层和民族有不同的遗传特征,并且为了占据统治地位而相互竞争。在第二次世界大战阴影笼罩下的20世纪二三十年代,为了实现"弱智"妇女"自愿绝育"的合法化,费希尔不知疲倦地四处奔走。

"费希尔的绝育运动最奇怪的地方在于,"罗德里格斯告诉我们,"他很快就发现他的理论自相矛盾。"

罗德里格斯让我们暂时不考虑如何定义"弱智"这个问题——今天我们知道这不是一个有效的医学诊断,也不考虑绝育计划这个完全不道德的想法,而是假设费希尔和当时的优生学家认为给某些人贴上这些标签是出于善意,尽管这个做法现在看起来并不友好。

他们的观点有一个问题:即使在当时,他们也知道所谓的"弱智"孩子的父母通常并不"弱智",而且并非所有"弱智"的父母都会生下"弱智"的孩子。这意味着所谓的"弱智"等位基因是隐性的;母亲和父亲都必须有这种基因,他们的孩子才会"弱智"。费希尔的剑桥大学同事早在1915年就已经证明,消除罕见的隐性等位基因需要数千甚至数万代的时间。即使开展了有效的绝育运动,也不可能消除"弱智"人群。我们现在知道实际上并没有"弱智"基因，智力是许多不同基因和环境因素共同作用的结果，但即使是基于当时的科学发展水平，费希尔的立场也是没有正当理由的。

"你看，"罗德里格斯直视着鲁珀特说，"这就是费希尔的性格乃至他的家庭生活都如此重要的原因。他竭力维护，不顾一切倡导的优生学建议不仅很不道德，在科学上也是行不通的。这并不是他犯下的唯一错误……"

第二次世界大战后，在20世纪50年代，费希尔对人类优生学的兴趣被他更关心的另一件事所取代：吸烟。他承认吸烟和癌症之间存在关联，但他也认为既有的证据不足以在两者之间建立因果关系：吸烟者可能更容易患癌症，但这并不意味着吸烟会导致癌症。他的备择假设是，吸烟倾向和患癌症倾向之间存在遗传联系。某些基因可能会同时在吸烟和患癌症这两个方面发挥作用。

当时，费希尔的假设很难被完全驳倒。人们刚刚确定了DNA（脱氧核糖核酸）的结构，还没有掌握我们今天拥有的遗传技术。费希尔首先进行了一些小规模的研究，据说这些研究支持了他的部分假设。他发现同卵双胞胎比异卵双胞胎更有可能有相同的吸烟习惯。通过挖掘被遗忘在故纸堆中的数据，他发现那些声称把烟吸进肺里的吸烟者患癌症的可能性低于那些声称不把烟吸进肺里的吸烟者。这些研究虽然没有为他的理论提供任何确凿的证据，却使他更加怀疑吸烟和患癌症之间可能并不存在因果关系。

尽管烟草业费尽心机，为费希尔和其他统计学家提供了资助，但吸烟和患癌症之间的联系最终被证明是不容否认的。美国卫生局局长在综合考虑大量证据后认为，美国每年有近50万人的死亡都可归咎于吸烟。费希尔的数据之所以显示吸入式吸烟者患癌症的可能性更小，一个可能的原因是，那些患癌症的人后来声称他们没有把烟吸进肺里，是为了给自己选择的生活方式开脱。费希尔混淆了相关性和因果关系。他的观点被接二连三地驳倒，但直到1962年费希尔死于结肠癌并发症，人们才通过实验确切地证明了他的研究结论是错误的，健康警告最终也被印在了烟盒上。这位"天才"统计学家不知疲倦地试图破坏事实，导致许多人失去了生命。

罗德里格斯提醒道："我在这段旅程开启之时就告诉你们这两个故事，既是一种警告，也是为我们现在要学的东西做铺垫。我们必须比费希尔做得更好，我们必须成为更杰出的科学家和更杰出的人。"

罗德里格斯说，像罗纳德·费希尔这样坚定地反对主流看法的人，很可能会利用他们掌握的统计学技能来反驳事实。他们有可能找到一个又一个看似有道理的备择假说，并声称自己是以中立的立场提出了不同的可能性。费希尔关于吸烟的论文，就像那些关于"弱智"的论文一样，是权威人士在高级讲习班上发出的轻蔑咆哮。他利用自己的头衔和学术权威为自己的主张增加可信度。他贬低对手，声称他们无法理解他的论点，因为他们缺乏足够的统计学技能。但最终，他捍卫的是一个错误的立场。

罗德里格斯说，任何一个优秀的科学研究小组或团体，都需要在像费希尔这样的反对者和追求共识、个人主义不那么强烈的大多数人之间取得平衡。保持这种平衡是所有科学家都需要认真考虑的问题。我们希望我们的假设受到挑战，但我们不希望陷入不确定性的泥沼。鉴于我们收集数据和开展实验的时间和资源有限，我们希望尽可能地接近真相。

罗德里格斯再次让我们想起"一战"前费希尔在剑桥大学所做的研究。这个年轻人克服重重困难，发现了衡量事物的最佳方法。与此同时，他也展示了统计学为科学进步做出的贡献。这是一个思想上的巨大飞跃（我们很容易认为这是理所当然的），而费希尔在其中发挥的作用可能比人类历史上的其他人都要大。凭借这项非凡的成就，他跻身20世纪的伟大科学家行列。

但是，即使到了老年，费希尔也没能完全预料到他所做的决定——应该收集什么数据及测量什么东西——可能会引起新的偏见。如果我们专注于分析吸烟者是否将烟吸进肺里的数据，却忽略了最重要的显示他们正在走向死亡的数据，或者如果我们引入没有医学证据支持的"弱智"诊断去描述那些从未接受过教育的人，我们的测量是否准确就无关紧要了。

费希尔出于自己的需要而忽略了因果关系，没有考虑到支持他的世界观的研究效应量非常小。相反，他利用自己的统计学技能，让我们透过一个过于简单的镜头去了解复杂的世界。他把自己的偏见——吸烟对我们没有坏处及愚蠢的人不应该生育孩子——当作客观事实呈现给我们。

最后，罗德里格斯说："费希尔的成功带给我们一些经验，他的失败同样带给我们一些启迪。"

树林和树木

统计思维的力量来自它能衡量数据之间的关系。我们可以肯定地说，健康的生活方式可以使我们平均多活 12 年。我们确实应该少喝酒，多吃蔬菜，让身体动起来。通过统计数据，我们看出在不同国家幸福、安全、财富和预期寿命之间的相关性。这只是利用医学和社会学研究为卫生和公共政策提供支持的无数方法中的两个。

但我们也发现，仅有统计思维是不够的，因为它不足以区分相关性和因果关系。更幸福的国家也更富裕，但这并不一定意味着金钱可以买到幸福。要区分因果关系和相关性，就必须认认真真地做实验，以及细致周密地观察。

统计数据可能会被滥用，不择手段的人可以通过测量错误的东西并利用数字来隐藏真相。在马克·吐温指出的三种罪恶（"谎言、该死的谎言和统计数字"）中，最后一种往往是最糟糕的。费希尔彻底证明了这一点，就像他彻底证明了理解数据和做实验的方法有对错之分一样。他利用统计数据在吸烟和患癌症之间的关系上撒了谎，还利用数字去证明令人反感的优生学理论。

费希尔的错误并不意味着统计数据都在撒谎。实际上，统计数据通常会揭示真相，研究人员对统计数据的使用往往是诚实的。但这些错误也告诉我们，如果使用不当，统计数据可能就会具有误导性。

统计数据的局限性可能非常微妙。即使是精心设计的实验，往往也只能解释很小一部分个体差异。因此，虽然通常而言更愿意在节省时间或帮助他人等方面花钱的人确实感到更快乐（这是伊丽莎白·邓恩和她的同事得出的另一个研究结论），但这并不意味着它也适用于你。在我们讨论的幸福感研究中，花钱节省时间的建议不会让大多数人获益。这并不意味着它不值得考虑，但它确实能说明一个问题：如果你在报纸上读到的某个建议不适用于你，就不要对它抱太大希望，也不要太过失望。

统计学家通常认为，把关于整个群体情况的研究结果错误地套用到个人身上，是生态学谬误的一个典型例子。我认为这是混淆了树（作为个体的你）与树林（作为整体的人群）。

在我们思考其他思维方式之前，让我们停下来，仔细看看这个局限性。书籍、报纸、社交媒体、优兔视频和TED演讲为我们提供了大量关于人类心理、动机和个性的科学研究，并就如何让我们更幸福、更成功、对生活更满意的问题各抒己见。你怎么知道这些研究中有哪些适用于你呢？

以坚毅的性格为例。安杰拉·达克沃思的TED演讲《坚毅：激情与坚持的力量》是有史以来最受关注的25个TED演讲之一。达克沃思和她的同事对本科生、西点军校学员和美国年轻的拼写比赛选手进行了一项研究。她要求每个参与者评定12个陈述（比如，"我每隔几个月就会有新的爱好""挫折不会让我气馁"）是否贴合他们自身的情况并打分，最低0分，最高5分。这些分数综合起来就能衡量参与者的坚毅程度。达克沃思发现，更坚毅的学生学习成绩更好，更坚毅的西点军校学员更有可能通过第一个夏季训练项目，更坚毅的拼写比赛选手更有可能进入决赛。

达克沃思的研究非常严谨，使用了我们之前在研究幸福感时讨论的统计方法来揭示坚毅和成就之间的关系。但是……对观看这个TED演讲的2 300万人来说，当他们问自己是否有足够的勇气时，他们可能并不清楚有多少成就是由坚持到底的愿望决定的，又有多少是由其他因素决定的。第一个问题的答案是很少。虽然坚毅可以解释个体之间4%的差异，但还有96%的差异无法解释。树林里有一些坚韧不拔的树取得了成功，但这并不意味着你也可以通过更加坚韧不拔而获得成功。

在过去的5到10年里，心理学家进行了全面的元研究，以便了解我们的个性、心理和经历对生活中各种结果的影响。在这些元研究中，为了确定总体效应量，他们结合了大量独立实验的结果，却发现效应量通常很小。当在元研究中对坚毅进行测试时，他们发现坚毅只能解释学生之间的一小部分差异。对成长型思维模式的测试也显示了类似的结果。成长型思维模式认为，我们应该向学生强调，能力不是一成不变的，我们可以通过工作改变自己。虽然在学校强调成长型思维模式是教育理念的一部分的做法被广泛提倡，它在某种意义上也是正确的，但一个重要的问题是，它能否提高学生的考试成绩。实验观察表明，成长型思维模式只适用于特定类型的学生（考试成绩较低的那些学生），即使对这些学生而言，它也只能解释他们之间的很小一部分差异。

许多"鼓舞人心"的想法渗透到我们集体意识的方方面面，但对你个人来说用处却非常有限。积极心理学干预（比如要求参与者写下一天中发生在他们身上的三件好事）可能会对一些人有帮助，但它们只能解释人与人之间 1% 的差异。另一种经常被推崇的衡量学习和工作技能的方法是情商。同样，如果考虑一般智力和责任心（一种类似于坚毅的性格），那么情商只能解释人与人之间 3% 或 4% 的学业成绩差异。

在观看一个基于科学敏捷思考的鼓舞人心的演讲时，比如 TED 演讲，或者阅读关于如何变得更快乐、更优秀的最新研究时，你应该始终牢记这个生态学谬误：尽管这个研究结果很有趣，但它可能并不适用于你。你是一棵树，而研究考虑的是整片树林。

数字是理解人类的必要条件，但光有数字是不够的。如果我们想了解自己和周围的人，那么我们还需要更多的东西……

思考世界的方式不止一种

在圣达菲的日日夜夜我们都很紧张。深夜，我们坐在运动酒吧或宿舍公共休息室里讨论我们学到的东西，但第二天还要早起去上课。马克斯坐在前排，在罗德里格斯说话时，他的铅笔在笔记本上快速地移动着。亚历克斯坐在后排，他将腿伸直放在前面的一排座位上，但仍在认真地听课。埃丝特、扎米亚和玛德琳紧挨着坐在教室的中间。隔着两个座位坐在玛德琳旁边的是安东尼奥。我坐在他旁边。鲁珀特独自坐着，但离我们很近，他既能听到我们在说什么，也能听到罗德里格斯说的每句话。

在为期 4 周课程的第一周的最后一堂课上，罗德里格斯教授总结了我们学到的统计学知识——好的和不好的都有。她提醒我们，癌症和吸烟之间的关系可以看作一个成功使用统计数据的故事。尽管烟草制造商、医生、科学家和政治家阴谋阻止对两者存在因果关系的研究，但真相最终浮出了水面，那就是吸烟确实会致癌。

她接着说，费希尔的错误代表了 20 世纪科学进步所滋生的傲慢。人们起初认为实验和观察似乎能回答一切问题，却往往忘记了所有这些细节是如何联系到一起的。费希尔的研究把所有社会问题简化为一个简单的遗传学问题，以及一个危险的"弱智"概念。而关于吸烟和癌症之间关系的几十年研究，则被他简化为吸烟者是否将烟吸进肺里的问题。

罗德里格斯告诉我们："我们要想得比这更深远，这是我们的职责。我们需要理解更深层次的联系，单靠统计思维无法完成这项任务。"

她说，找到联系的方法是改变我们的视角。我们应该从下往上看世界，而不是高高在上地俯视世界，好似我们无所不能、无所不知。我们应该意识到，思考世界的方式不止一种。

她一边说，一边用手指着屏幕上费希尔的投影，好像在训斥淘气的男生："你们要掌握的东西远不止这些，在未来几周你们将会学习其他需要掌握的知识。"

那天晚上的讨论很激烈。每个人似乎都对罗德里格斯教授讲授的内容有看法。马克斯很感兴趣，他觉得罗德里格斯对进入新千年后科学的优势和不足的分析十分透彻。他说："接下来的 25 年是令人兴奋的。我们将从针对所有问题都直接抛出统计数据的简单化方法转向真正地思考复杂性。"

安东尼奥对此表示同意。他说，虽然罗德里格斯还没有涉及最新的理论，但她对过去的评述都是正确的。玛德琳的观点更为务实。她在所有的生物学研究中都使用了统计学，她觉得在确定有更好的选择之前就全盘抛弃我们已经掌握的方法是不明智的。埃丝特点头表示同意。"那天鲁珀特对我说得很清楚，"她说，"要进行数学建模，我们只需要保持头脑清醒，理智分析，就不会有问题。"

听了埃丝特的夸奖后，鲁珀特受到了鼓舞："我认为罗德里格斯的问题在于她喜欢批评，但没有给出确定的答案。"鲁珀特引用了诺贝尔经济学奖得主肯尼斯·阿罗的观点。阿罗的座右铭是，数学模型只有在其结果可以用语言解释时才有用。在鲁珀特看来，罗德里格斯需要说清楚替代方法将会起到什么作用。到目前为止，她对他的英雄的评论都只是空洞的冷嘲热讽。鲁珀特认为对费希尔进行人身攻击是不合适的。

"费希尔是一个历史人物！"扎米亚大声说道，"帕克是在攻击他的科学以及当时的科学思想所代表的东西。我们必须做得更好。"

马克斯试图转移话题："等到下周，我们就知道了。"他提醒我们，帕克来自普林斯顿高等研究院，那是爱因斯坦来美国后工作的地方。帕克将介绍一种从相互作用的角度来分解系统的新方法。

我看得出来，马克斯的热情让鲁珀特有些恼火。但他也知道，帕克能站到普林斯顿的讲台上，就意味着他需要被认真对待。于是，鲁珀特说："让我们拭目以待吧。"

"马克斯是对的,"安东尼奥说,"帕克肯定很了不起。他的研究涉及动态系统和混沌,这些都是很酷的东西。他取得了一些惊人的成果,可以用来理解人口变化、天气系统和经济崩溃。简直无所不能!"

"你好像知道的很多啊,安东尼奥,也许应该让你来讲课。"玛德琳开玩笑说。

第 2 章

互动思维

生命的周期性循环

让我们回到 20 世纪初,寻找一个新英雄,希望他不会像费希尔那样让我们失望。

1902 年,阿尔弗雷德·J. 洛特卡(Alfred J. Lotka)还是英国伯明翰大学化学专业的一名即将毕业的本科生。他是一名优秀的学生,但学校的教育让他觉得很空虚。正在做实验的他小心地将酸和碱混合在一起,它们相互反应,生成水和盐。阿尔弗雷德耐心地搅动烧杯底部一团未溶解的盐,等待着它们发生变化。但盐没有溶解,也没有发生其他变化。实验结束了,溶液达到了平衡。阿尔弗雷德记录下结果,称量了实验产物,然后开始下一个实验。

晚上,阿尔弗雷德像罗纳德·费希尔一样,阅读查尔斯·达尔文的著作。他在书中读到了复杂性和模式、生命的循环以及生命就是永无止境的斗争的论断。阿尔弗雷德想知道,化学在哪里能找到用武之地？把草变成牛的反应是在哪里发生的？是什么为狐狸提供动力，让它对兔子穷追不舍？是什么使他的大脑中产生了一个又一个念头？如果混乱的、千变万化的生命真像他的老师说的那样，是由化学反应形成的，那么为什么化学本身却如此稳定呢？

他阅读了赫伯特·斯宾塞的著作，这位19世纪的社会科学家和哲学家创造了"适者生存"一词来解释达尔文的理论。斯宾塞声称，自然界的冲突导致"每一种植物和动物……的数量不断经历有节奏的变化"。斯宾塞没有止步于生物学，他还描写了我们的情感、思想和社会的不断变化。阿尔弗雷德想要研究的是这些生命的振动，而不是他在化学实验中得到的平淡无奇的最终产物，也不是沉淀在烧杯底部的盐。

看着面色平静的教授和同学，阿尔弗雷德非常担心他们看出斯宾塞的话动摇了他的思想。他在阅读中遇到了一些他无法回答、无法释怀的问题。他是有波兰背景的移民，付出了很多努力才融入他的英国同事当中。他学会了控制自己的情绪，温文儒雅地谈论最近运来的一批本生灯的效果，以及建造新茶室的计划。

最终，阿尔弗雷德鼓起勇气，询问他最喜欢的导师为什么化学没有生命。导师也不知道答案，不完全理解年轻的洛特卡提出的问题，但他很有同情心。他告诉洛特卡有一个人可能帮得上忙：莱比锡的威廉·奥斯特瓦尔德教授。奥斯特瓦尔德拒绝接受"分子是化学反应的基本组成部分"这一核心观念，转而用热力学解释为什么生物性生命有丰富的构成模式。和赫伯特·斯宾塞一样，奥斯特瓦尔德正在寻找可以将物理学、生物学乃至人类的社会行为动力学串联起来的第一原理。

阿尔弗雷德·洛特卡到莱比锡进行了为期一年的研究生学习，去听奥斯特瓦尔德的课。虽然斯宾塞和奥斯特瓦尔德有着相同的目标，但他们的方法截然不同。斯宾塞在他的书中用华丽的语言唤起复杂性，而奥斯特瓦尔德则强调数学和计算的作用。阿尔弗雷德开始学习微积分和微分方程，因为奥斯特瓦尔德认为这些数学工具可以揭示一切奥秘。

渐渐地，他知道了如何解决他的问题。如果不是在实验室里做实验，而是在他的大脑里做实验呢？坐在瑞士伯尔尼邮局里的爱因斯坦做了同样的事（但阿尔弗雷德不知道）。继他之后，费希尔在剑桥大学的房间里也是这么做的。数学是一种可以让他进行严谨而精确的思想实验的工具。

一年后，洛特卡离开莱比锡，前往美国找工作。他先是在通用化学公司工作，后来成了一名科学编辑。到了晚上，他会在办公桌前继续研究。就是在这个时候，他有了一个想法：用化学的方法做非化学研究。他写下如下的化学反应式：

$$R \rightarrow 2R$$
$$R + F \rightarrow 2F$$
$$F \rightarrow D$$

乍一看，这三个反应式就像每个人在学校里学的那些一样。例如，氢与氧生成水的化学反应式是：

$$2H_2 + O_2 \rightarrow 2H_2O$$

它表示两个氢分子和一个氧分子反应,生成两个水分子。我们可以用同样的术语来讨论阿尔弗雷德·洛特卡的化学反应。第一个反应式表明一个R"分子"可以自发地生成两个R"分子"。第二个反应式表明一个R"分子"与一个F"分子"反应,生成两个F"分子"。最后一个反应式表明一个F"分子"可以生成一个D"分子"。

到目前为止,一切顺利。但是,正如任何一位优秀的化学老师所知道的那样,化学反应必须达到"平衡",即两边的原子数必须相同。生成水的化学反应式是平衡的:箭头的左边是四个氢原子和两个氧原子,右边也是四个氢原子和两个氧原子。但洛特卡的反应式忽略了平衡。第一个方程右边有两个R,而左边只有一个。第二个方程的左边有一个R和一个F,而右边有两个F。洛特卡的模型显然违背了基本规则。

但这正是他的高明之处。洛特卡意识到,忽略化学的平衡和稳定性后,他可以创造出他试图寻找的模式,即能创造生命的循环动力学原理。

兔子和狐狸

帕克教授手里拿着一支白粉笔,指着他身后黑板上的三个区域。在左上角,他写下了阿尔弗雷德·J.洛特卡在1910年首次描述的三个化学反应式:

$$R \rightarrow 2R$$

$$R + F \rightarrow 2F$$

$$F \rightarrow D$$

帕克说，我们把R分子看作兔子，把F分子看作狐狸。洛特卡化学反应系统中的第一个反应式R→2R，表示"兔子……嗯，兔子就像兔子一样繁殖"。帕克被自己的玩笑逗笑了。如果让兔子自生自灭，不受狐狸的打扰，一只兔子很快就会变成两只兔子。第二个反应式R+F→2F，表示狐狸在吃了兔子后就会生出更多的狐狸。第三个反应式F→D则表示狐狸最终也会死亡。

帕克建议我们可以把这看作雌兔子和雌狐狸的抽象模型，并假设它们周围有足够多的雄兔子和雄狐狸，以便随时繁殖。在做了一些（不完全现实的）假设后，洛特卡的反应式就变成了一个合理的模型，它可以说明掠食者（例如狐狸）对猎物（例如兔子）数量的影响。

他向我们展示了如何用可以描述时间变化的微分方程重写化学反应式。为了将化学转化为数学，他让我们想象一片草地，兔子和狐狸在上面跑来跑去。它们的位置或多或少是随机的，就像化学实验中烧杯里的分子一样相互碰撞。然后，他让我们计算，在兔子被吃掉的速度和兔子出生的速度相同的情况下，狐狸的数量是多少。

"这很容易。"坐在我旁边的鲁珀特脱口而出，"这是一种供需关系。当兔子的繁殖速度和狐狸吃掉兔子的速度相等时，兔子的数量不会改变，处于平衡状态。"

第 2 章 互动思维　059

"没错,"帕克说,"达到平衡时,兔子的数量不会改变。"

帕克在黑板上画出了坐标轴,其中 x 轴代表兔子,y 轴代表狐狸。紧接着,他在图上从左到右画了一条线(图 2-1a 中的水平虚线),说道:"这条虚线上的每个点都处于平衡状态。狐狸吃掉的兔子数量与出生的兔子数量是平衡的,这意味着兔子的数量既不会增加,也不会减少。"

帕克又从上到下画了一条虚线,他告诉我们这条竖线代表狐狸数量的平衡状态。必须有足够的猎物供应,才能抵消死亡的狐狸这条竖线。这条竖线表示让狐狸种群保持稳定所需的兔子数量(图 2-1a 中的垂直虚线)。他说,这两条虚线把黑板分成 4 个不同的区域,即象限。在每个象限中,兔子和狐狸都有不同的生长模式。他首先从右下象限开始,那里有很多兔子,但狐狸的数量很少。"在这里,"他指着黑板说,"狐狸的数量不足以阻止兔子繁殖,但狐狸有足够的食物,所以狐狸和兔子的数量都会增加。"

帕克说,一定要注意,在右下象限的任意一点上,兔子和狐狸的数量都在增加(他刚刚在这个象限画了一个指向右上方的箭头)。然后,他的手指上移,指着代表兔子数量平衡的那条水平线说:"一旦越过这条线,就表明狐狸的数量已经非常多了,而兔子的数量开始减少。"接着,他在右上象限的中间画了一个指向左上方的箭头(向上表示狐狸的数量增加,向左表示兔子的数量减少)。教授的手指在黑板上依次指了一圈,展示了 4 个象限的箭头所指的方向(图 2-1a 中的箭头)。

"接下来,我们就会看到他的高明之处了。"帕克说,"如果我

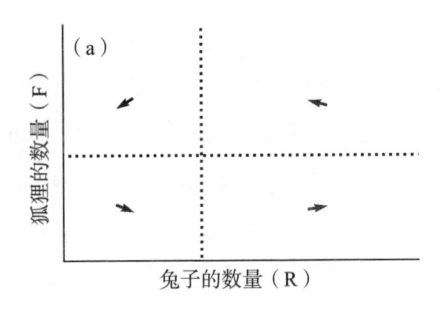

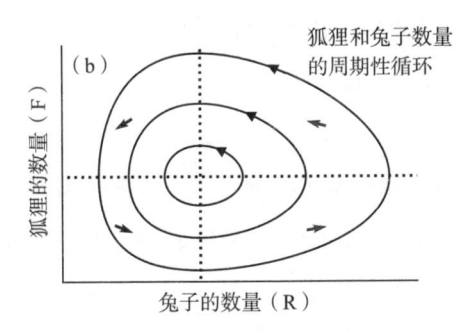

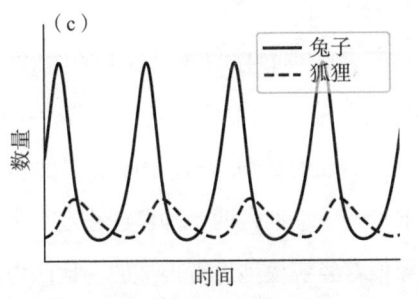

图 2-1 帕克为洛特卡捕食者-猎物模型绘制的示意图。(a)水平虚线表示兔子数量的平衡状态，即狐狸吃兔子的速度与兔子的繁殖速度相同。垂直虚线表示狐狸的繁殖率与死亡率相同的平衡状态。4 个象限的箭头表示在该象限中狐狸和兔子是在减少还是在增加。(b)这幅图中添加了兔子和狐狸数量的周期性循环。(c)同样表示兔子和狐狸数量的周期性循环，但这幅图展现了它们的数量随时间发生的变化

现在跟随黑板上的这些箭头,你就会看到……"

帕克的粉笔沿着箭头的方向移动(图2–1b中的实线)。从右下象限兔子比狐狸多的地方开始,移动到狐狸和兔子都很多的右上象限。之后,随着更多的兔子被狐狸吃掉,兔子的数量逐渐减少。到达左上象限后,狐狸的数量也开始减少。最后,当他的粉笔移动到左下象限时,兔子的数量又开始增加,而狐狸的数量仍在减少。等他的粉笔回到右下象限,新的循环又开始了。

帕克说:"这就是我们永远不会稳定下来的原因。物种之间的相互作用会让我们进入一种无止境的循环状态。"

帕克说,虽然他的结论是通过手工计算得出的,但如果我们在电脑上模拟方程,也会得到同样的结果。帕克利用投影仪,把黑板上的周期性循环(图2–1b)转化为狐狸和兔子的数量随时间变化的曲线(图2–1c)。

我和鲁珀特抄写着帕克教授写在黑板上的图形旁边的方程式。起初,鲁珀特还在用只有我和他能听到的声音,提出一些反对意见。他试图从帕克的推理中找到漏洞,因为他认为最终兔子的供应量会和狐狸的需求量达成平衡,两个种群会稳定下来。牛津大学的老师就是这样教导他对经济模型进行推理的,他认为平衡理论在这里同样适用。

但每当他自认为发现了一个错误,帕克都会在鲁珀特提出问题之前,解释为什么鲁珀特准备提出的反对意见是错误的。帕克承认洛特卡最初提出的数学模型有些问题,但在洛特卡完成研究后的几十年里,这些问题已经被其他研究人员解决了。在相互作用的系统中，周期性循环和稳定性一样普遍，这些循环在我们身边随处可见……

"令人惊奇的是，"帕克看着我和鲁珀特说，"所有循环……包括通过我们大脑的电脉冲、我们心脏的跳动、夜间萤火虫的闪烁、椋鸟群的快速转向、流行病的传播、时尚的兴衰、经济的繁荣和萧条……都是从个体的相互作用中涌现出的模式：大脑源于数十亿个独立的神经元，鸟群源于一只只鸟，经济源于买卖商品的那些人……"

帕克说，洛特卡方法的关键在于，描述系统的各个组成部分对其他组成部分的影响。在帕克演示的例子中，系统的组成部分是狐狸和兔子。在神经科学家创建的大脑模型中，系统的组成部分是神经元本身及它们之间传送的化学和电子信号。在模拟昆虫群和鸟群时，系统的组成部分是那些动物。在为我们的社会或经济系统建模时，系统的组成部分就是我们每一个人。

帕克说，现代经济学之父亚当·斯密犯了一个错误，他的稳定型思维导致他认为市场会达到并保持平衡。但帕克说，斯密的想法是一种还原论。考虑到我们会进行互动，我们的行为方式与畜群相似，这说明人类社会根本不会保持稳定。我们也会像兔子和狐狸的数量一样经历起起落落，处于不断变化的状态。

还剩下两分钟就要下课了，帕克静静地站在那里，等待我们消化他讲的这些内容。他低着头，静静地考虑着自己要说什么。想好之后，他用几乎是耳语的声调说了起来。

"你看，这东西简直就像魔法一样。"他一边说，一边指向身后满满一黑板的图形和方程式,"用这个方法你能看到别人看不到的东西。如果你掌握了这些,如果你明白如何看到相互作用(你也可以称之为因果关系的动态变化),你就会知道如何看到真相。世界并不稳定。在洛特卡之前出现的还原论仍然渗透在我们的许多科学观念中,但它们只会蒙蔽我们的双眼。我身后这块黑板上的东西会让我们看清真相,让我们看到相互作用产生的模式并不仅仅是各个部分的加总。"

鲁珀特热切地看着他。很明显,他想说点儿什么,他想告诉帕克说它像魔法有些夸张了。但他也看到了黑板上的计算过程,这是权威性和严谨性的终极标志。这些结果是经过深思熟虑的。

我觉得情况似乎很明确了,鲁珀特被打败了。他在牛津大学学习的数学和统计学只能处理稳定的平衡状态。但帕克讲授的内容有所不同,能更好地表达我对这个世界的感受。我希望可以深入理解这些东西。

化学反应式描述下的世界

现在让我们透过化学反应的镜头来看看我们这个世界。假设世界上有两种人:爱笑的"Y"和不爱笑的"X"。当脾气暴躁的X遇到满面笑容的Y时,X也会露出笑容。我们可以像洛特卡一样,把它写成如下这个化学反应式:

$$X + Y \rightarrow 2Y$$

当爱笑的人遇到不爱笑的人时，就会变成两个笑容满面的人。这种反应并不是真正的化学反应。微笑时，大脑中可能会发生某种化学反应，但我们现在想要描述的并不是这些反应，而是个人发生的一种"化学反应"的简化表达形式。当其中一个人微笑时，两个人之间就会发生这种反应。也就是说，我们描述的是一种社会反应。

我们再试一次。假设有警察（C）和强盗（R），当警察遇到强盗时就会逮捕他。我们可以把它写成如下这个化学反应式：

$$C + R \rightarrow C + A$$

警察仍然是警察，但强盗现在被逮捕了（A）。在这个例子中，强盗的状态发生了变化，但警察的状态保持不变。再举一例。假设一个人试图把沙发从屋外搬入你的客厅。我们用字母O代表在屋外的沙发，用字母L表示在客厅里的沙发，P是试图搬沙发的人。

$$P + O \rightarrow P + O$$

上面这个反应式表明，如果一个人试图搬动沙发，那么他不会成功，沙发仍然会在屋外。但如果他得到了朋友的帮助，那么两人一起（2P），就能搬动沙发。

$$2P + O \rightarrow 2P + L$$

我们可以把同样的规则应用于爱笑的人。假设一群人中只有一个人在微笑、大笑或玩得很开心，这还不足以说服其他人也这么做。毕竟，一个面带笑容的人也可能只是一个迷惘的疯子，被他自己的荒谬笑话逗得疯狂大笑。但如果有两个人在笑，那么你很可能也会笑。两个人都是疯子的可能性低于一个人发疯，于是微笑的化学反应式变成了：

$$X + 2Y \rightarrow 3Y$$

两个面带笑容的人感染一个不爱笑的人，就会产生三个面带笑容的人。我们称其为"需要两个"规则，稍后我们将更详细地了解它引发的动态变化。

想想你自己生活中遇到的类似互动。它可以是朋友之间传播小道消息的方式：一个知道消息的人把它告诉了另一个不知道消息的人，这样就有两个人知道这则消息了。它也可以是你和你的同事一起完成一项工作任务。两个人合作的话，进展就会快得多。这些互动可能是微不足道的，例如把一堆脏兮兮的碗碟洗得干干净净。它们也可能与你的内心状态有关，比如洗碗会让本来昏昏欲睡的你收获小小的成就感。互动世界观是用化学反应式来描述的：当我们思考自己的精神状态或周围世界的状态时，这可能是我们与他人发生的社会化学反应，也可能是我们个人的化学反应。

我们不需要过于担心我们写下的化学反应式是否在所有情况下都是正确的。有时候，一个人就可以把沙发搬入客厅，警察也会抓不到强盗，或者你有两个朋友因为一个不好笑的笑话而捧腹大笑，但这不是这个练习的重点。这种互动思维方式的出发点是，从我们如何改变世界和世界如何改变我们的角度看待我们的生活。我们应该把自己看作社会反应的一部分：我们以某种方式行事，从而改变我们周围人的行为方式。同样，他人的行为也会影响我们的行为和思维方式。

互动思维不同于把人视为一片树林的统计方法，它更关注个体和个性，与我们的日常经历关系更紧密。它不太依赖于数据，而是依赖于对我们行为后果的思考。正如我们将看到的，它能展现人们是如何做出与朋友相同的选择和决定的，从众效应是如何在群体中传播的，以及我们的情绪是如何上下波动的。但它的科学性丝毫不亚于稳定的统计思维。事实上，互动型思维方式经常为我们社会中一些重要的问题提供更全面的答案。

社会流行病

洛特卡的化学反应方法的最重要的应用之一，就是模拟传染病流行期间病毒的传播。当一个没有感染病毒的易感者与另一个已经感染病毒并具有传染性的人接触时，他也有可能被传染。用洛特卡的化学反应式表达如下：

$$S + I \rightarrow 2I$$

一个易感的S加上一个具有传染性的I就变成了两个具有传染性的I。

在传染病暴发初期，几乎每个人都是易感者，因为很少有人感染过这种病毒。如果一个感染者每隔一天接触一个新的人，那么到第二天，他会传染一个人，一共有 2 个感染者。到第 4 天，2 个感染者分别接触了一个人，有 2×2 = 4 个感染者。到第 6 天，有 2×2×2 = 8 个感染者；到第 8 天，有 2×2×2×2 = 16 个感染者。感染人数每隔一天就增加一倍，到第 20 天，有 2×2×2×2×2×2×2×2×2×2 =1 024 个感染者。

这种形式的乘法可以简写成 2^3 = 2×2×2，我们称之为 2 的 3 次方，相乘的次数（在这个例子中是 3 次）被称为指数。在上面的例子中，指数是第一次感染后的天数除以 2。例如，第 6 天的病例数是 $2^{6/2}$ = 2^3 = 2×2×2 = 8，第 20 天的病例数是 $2^{20/2}$ = 2^{10} = 2×2×2×2×2×2×2×2×2×2 =1 024。病例增长的指数与第一次感染后的天数成正比，我们把这类增长称为指数增长。

指数增长非常迅速。到第 40 天，感染人数为 2^{20} = 1 048 576（2 的 20 次方）。第 60 天的病例数是 2^{30} = 1 073 741 824，超过 10 亿人。对于像新型冠状病毒这样的真实病毒，一个人感染病毒后需要过一段时间才会有传染性，所以病例数不会每隔一天就增加一倍，但它的增长仍然是指数级的。感染人数随着时间的推移会成倍增加，反复倍增很快就会使病例数变得非常大。等我们意识到问题的严重性时，病毒已经无处不在了。

最初，指数增长导致大量感染者，但一段时间后，随着下面这种化学反应，感染者逐渐恢复：

$$I \to R$$

感染者（I）会进入恢复状态（R）。因此，感染者接触到的人是易感者的可能性降低，因为他们遇到的人中有很多都是康复者。于是，感染人数的增长速度达到峰值并开始下降。图 2–2a 是基于上面两种化学反应的数学模型，叫作 SIR 模型（S 代表易感者，I 代表感染者，R 代表康复者）。最初的增长速度很快，以 2 的几次方的速度增长，但随着康复人数的增加，感染人数越来越少，疾病就会逐渐消失。

随着越来越多的人感染病毒，疾病传播的速度将会下降，因为许多感染者接触的都是已经康复的个体，即免疫者。例如，假设一个人感染病毒后需要一个星期才能康复，再假设当这个人是唯一的感染者时，他平均会传染 3.5 人（每两天一个人）。在这种情况下，如果有一半人口是感染者或康复者，那么一个感染者只能平均传染 1.75 人，因为他接触的人中只有 3.5 / 2 = 1.75 人是易感者（他接触的另一半人口要么是康复者，要么是感染者，都不会被传染）。

如果只有 2/7 的人口是易感者，那么一个感染者将平均产生 3.5/3.5 = 1 个新病例。此时，我们说已经形成了群体免疫：现在的每次感染将在未来导致少于一次的感染。图 2–2b 与帕克在黑板上为捕食者–猎物模型绘制的图属于同一个类型，但它展现的是 SIR 模型。这种图被称为相平面图。我们没有展现易感者和感染者的比例，而是展现了他们的相互关系。箭头指示的是时间的方向。虚线代表形成群体免疫时的感染水平，此时感染处于平衡状态，感染人数的增长由正转负。

与稳定的第一类思维方式不同，第二类思维方式主要依据的不是数据（我们在上面的讨论中只使用了一条数据：每个感染者平

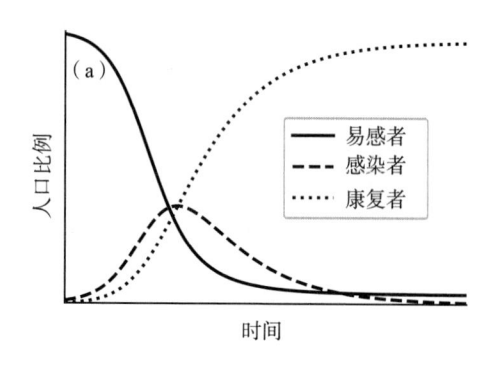

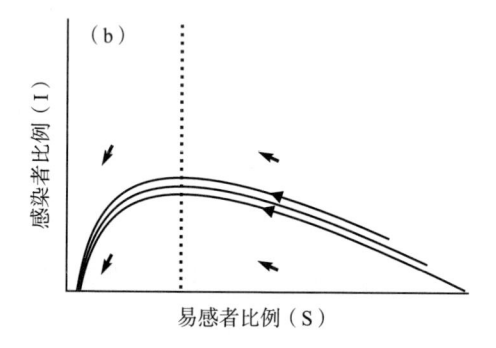

图 2-2 SIR模型。(a)显示的是典型传染病随时间发展的态势。(b)展现的是同样的传染病，但显示的是易感者人数（x轴）和感染者人数（y轴）之间的关系

均接触3.5人），而是建立在推理的基础之上。通过对结果的研究，我们能够做到以下几点：

1. 追踪传染病最初是如何呈指数增长的。
2. 估计最终会有多少感染者。
3. 了解形成群体免疫所需的疫苗覆盖率。

我们用化学反应式清楚地写出关于社会互动的几个假设，就可以得出上述几个重要结论。

传染病模型不仅是应对传染病的重要组成部分，在与疾病无关的日常情况下也非常有用。文化、思想、笑话、行为和时尚都具有传染性。我们经常使用"病毒式视频"（在TikTok或脸书用户之间迅速传播的视频）等词语，却没有停下来思考这个类比有多强大。将我们的社会互动记录成化学反应式，能让我们自如地发展和测试自己对人类社会的想法，同时还能用数学方法进行严谨的思考。

苏琪总想知道最新的流行趋势，也想第一个和朋友分享有趣的表情包，还想知道什么款式的衣服最流行。但她常常发现，无论她花多少时间上网，她都很少走在潮流的前面。其他人似乎已经看过她分享的有趣狗狗视频，或者几乎跟她在同一时间得知了最新限量款的潮牌服饰，尽管他们远没有她那么感兴趣。为什么她不能先人一步呢？

让我们假设这样一种情况：看到某个表情包的人数每小时翻一倍，而苏琪的朋友索菲在它首次上线10小时后就知道了。在关注社交媒体方面，索菲不是那么敏感。所以，在理想情况下，苏琪知道这个表情包的时间应该远早于索菲，比如早5个小时。

为了弄清楚为什么苏琪实际很难比索菲早5个小时知道这个表情包，我们需要从后向前做逆时间推理。如果有10万人（包括索菲）在10个小时内看过这个表情包，其中一半的人，即5万人，在9个小时内就知道了，在8个小时内知道的有25 000人，在7

第2章　互动思维　071

个小时内知道的有12 500人，在6个小时内知道的有6 250人，在5个小时内知道的只有3 125人（约占3%）。换句话说，前3%的人知道这个表情包所花的时间和剩余97%的人知道这个表情包所花的时间是一样的。如果苏琪想要走在潮流的前面，她就必须非常努力跻身那3%的人的行列。

一般来说，如果我们把一条典型的传染病曲线（比如图2-2a的曲线）分成开始、中间和结束三个部分，就可以看出大多数"感染"都发生在中间部分。开始时感染增长得很快，在中间部分有大量的人被传染，在结束部分，最后一批人被传染。在任何特定的社会风尚流行期间（例如，当你在网上分享新闻或表情包时），你更有可能处于中间部分而不是两端。当你听说了某件事时，很有可能几乎所有人都同时听说了这件事。

就众多社会行为而言，具有传染性的不仅仅是接受某种时尚或传播某条消息的行为，还有我们的恢复行为。得了流感后，最好回家休息，不要四处传播病毒。和已经感染的人待在一起并不能帮助我们更快地康复（即使他们的同情可能会让我们感觉好受一点儿）。康复是每个人自己的事，这体现在化学反应式I→R中：在康复反应中我们不需要其他个体。

但对时尚和新闻趋势来说，情况就不同了。例如，理查德注意到安东尼已经对《权力的游戏》失去了兴趣，于是他不再谈论这个电视节目。我们可以从社会恢复（social recovery）的角度来思考这个现象。理查德之前迷恋这部电视剧，但他很快就恢复过来了，这是因为他遇到了其他恢复过来的人。这种情况涉及的化学反应式是：

$$I + R \rightarrow 2R$$

被一种时尚传染的人遇到一个已经恢复的人后，他的恢复速度会更快。

$I + R \rightarrow 2R$ 这个恢复反应意味着社会流行不同于疾病流行。具体来说，它使"疫苗接种"更加有效，因为那些处于恢复状态的人能让感染者恢复得更快。对于传染病，群体免疫是一条竖线（图2–2b中的虚线），必须达到这一水平，病例才会减少。当社会恢复成为可能时，"群体免疫"线（图2–3a中的虚线）就会偏转。因此，在"疫情"刚开始且没有已恢复个体的时候，它就会像无社会恢复模式一样迅速蔓延（图2–2b），但当30%的人口已经恢复时，"疫情"就会迅速消失（图2–2c）。

出现病毒式传播的"坏消息"后，公司常用的一个公关技巧就是在媒体上发布一则与最初的坏消息相似但更积极的后续报道。新的报道不仅会展示公司的观点，还会对社会恢复加以利用。当那些听过最初的"坏消息"的感染者把它告诉那些听到了"积极消息"的人时，他们会觉得自己在分享昨天的新闻。感染者认为他听到的故事在新颖性方面似乎比不上新消息，于是闭上了嘴巴。控制新闻议程的诀窍在于减少对感染者（传播"坏消息"的人）的关注，而把更多的注意力集中在将易感者转变成康复者方面，从而削减人们对最初那个故事的兴趣。

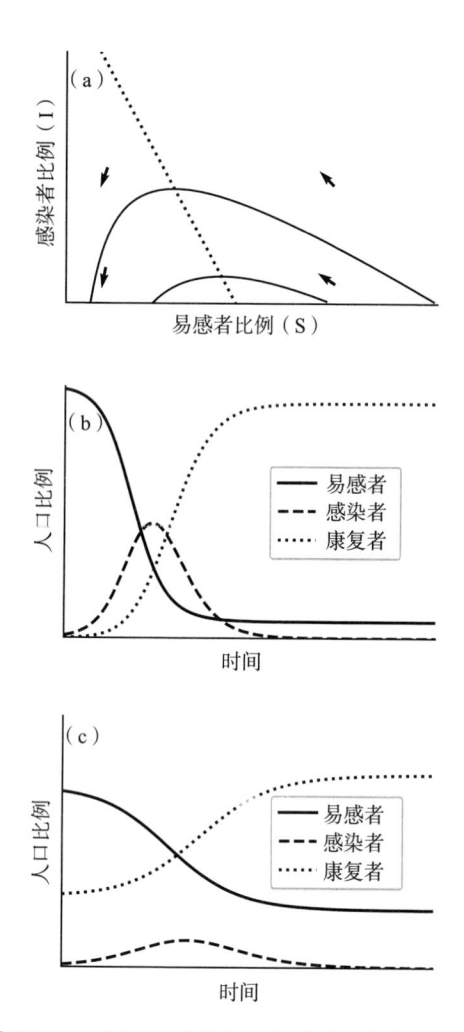

图 2-3 （a）与图 2-2b 相比，群体免疫线（虚线）在有可能实现社会恢复时发生了偏转。（b）刚开始康复者人数较少时，"疫情"会在大多数人中传播。（c）当康复者占到 30% 时，"疫情"迅速消失

074　升维思考的四种方式

索菲在做的一个项目致力于宣传接种新冠病毒疫苗的重要性。有时，四处传播的关于疫苗接种的虚假信息让她备感苦恼，她认为有必要逐一驳斥这些假新闻。于是，她想起了恢复的重要性——不仅是从新冠病毒感染中恢复过来，还包括摆脱与新冠病毒感染有关的伪科学所需要的社会恢复。如果索菲能够教导人们，向他们提供准确的信息，那么当他们听到虚假信息时，他们不仅会加以评判，还会鼓励其他人接种疫苗。她没有专注于改变人们的想法，也没有担心那些根本不会动摇的人，而是为他们周围的人接种了社会疫苗。

社会传染常常是一种向善的力量。在海啸或毁灭性风暴等灾难发生后，支持救援和恢复工作的捐款遵循传染曲线的模式：我们捐款是因为我们看到其他人也捐了款。我们的社会互动，例如，听众爆发出一阵掌声，我们哄堂大笑，观众在听到脱口秀演员戴夫·查普尔的笑话时异口同声地发出"哦"的惊呼，都是会传染的。我们不断地感知彼此的认可，以便找到正确的做法。

与谣言、新闻周期或观众的掌声相比，社会传染和社会恢复可能需要更长的时间。在20世纪60年代之前，爱尔兰塞特犬并不是一个特别受欢迎的犬种，美国养犬俱乐部每年登记的幼犬只有两三千只。但后来这个犬种的受欢迎程度开始呈指数增长。到1967年，爱尔兰塞特犬的登记数增加到1万只，在它们最受欢迎的1973年，登记数多达6万只。从那以后，登记数开始下降，而且下降得很快：从1975年的5.5万只下降到1977年的3万只。到1980年，登记数又回到了1万只。到20世纪90年代，爱尔兰塞特犬甚至比20世纪60年代更不受人们欢迎。

某些犬种也经历了类似的兴衰，其中杜宾犬的受欢迎程度在20世纪70年代末达到顶峰，松狮犬在1987年达到顶峰，罗威纳犬则在20世纪90年代中期达到顶峰。平均而言，一个犬种需要大约14年的时间才能从默默无闻变得享有盛名，再过13年又会回落到低谷。在某些情况下，这种繁荣是由电影引发的，比如，1985年迪士尼重新发行的《101斑点狗》使20世纪90年代末斑点狗的登记数增加了700%，但到20世纪90年代中期它的受欢迎程度又急剧下降。

社会传染和社会恢复对我们的生活会产生长期的影响。弗雷明汉心脏研究是一项针对美国马萨诸塞州数万名城市居民的生活方式和健康状况进行的多代研究。研究发现，如果受访者有酗酒的朋友，他们酗酒的可能性就会增加一倍；如果有一个朋友（研究人员随机选择）戒酒，他们也更有可能戒酒；如果一个随机选择的朋友吸烟或吸食大麻，那么受访者吸烟的可能性会增加2.5倍，吸食大麻的可能性会增加2倍。研究还发现，在肥胖倾向和睡眠时间方面也出现了类似的结果。甚至离婚也会受到这种影响：有一个离婚的朋友会增加这个人离婚的可能性。离婚可能是社会"恢复"的最极端形式：我们之所以更有可能结束生命中一段重要的关系，原因仅仅是我们的朋友也这么做了。

我把购买某个品种的狗、在网上分享新闻、看喜剧表演时一起大笑和一个人决定离开他的伴侣相提并论，这似乎表明我们把生活中的一些重大变化看得过于微不足道了。然而，我们需要对这些研究内容加以区分：究竟是这些系统动态变化的心理机制（就心理机制而言，在网上分享信息和婚姻破裂当然是截然不同的两件事），还是它们的相似性。朋友在稳定的恋爱关系方面发挥的作用，比在我们决定应该在社交媒体上分享哪些照片方面发挥的作用更复杂，也更长远。同样，我们选择犬种的方式与我们可能产生酒精依赖的方式也大不相同，但潜在的社会反应是一样的。如果我们想模拟罗威纳犬如何在美国变得深受欢迎，或者一群中学生如何聚到一起喝酒，那么我们会使用相同的化学反应，还会发现两者的涨落动力学原理是相同的。

有了这种认识，人与人之间就有了更深层次的责任。当你对他人采取消极行为时，你的行为不仅会影响到那个人，还会影响到他们身边的人，因为你的消极行为会传播开来。

我们在伦敦的10位朋友总是不停地开启新项目。去年夏天，贝琪让他们在一块地里种菜；到了冬天，安东尼试图让他们每周踢一次5人足球；随后不久，詹妮弗又开办了一个读书俱乐部。每次开启新的活动，所有人都会参与其中，并且齐心协力。但过一段时间，兴趣就会减弱：他们对不间断地给菜畦除草感到厌倦，读书俱乐部的成员在读了一本特别无聊的书后就对书失去了兴趣。似乎每项活动刚开始不久他们就会丧失兴趣，参与度发生这种循环变化是必然的，也是不可避免的。贝琪、安东尼和詹妮弗不应该感到沮丧，也不应该责怪自己没有让团队坚持下去，而应该回顾自己所取得的成就，把它看作一个必然循环中的一部分。我们的兴趣潮起潮落，这是由社会传染和社会恢复的本质决定的。

有时，我们会错误地认为稳定的东西更好：报道"真实"的新闻才是长期趋势，并非所有的病毒式报道都能经受住时间的考验；所有项目一旦启动就应该坚持下去，直至实现目标；我们在一段时间内的平均幸福指数才更重要；我们应该终生坚持某些价值观……但我们并不总能从社会互动中得到稳定的结果。真正重要的是那些成功时刻：我们一起取得成就的时刻，或者我们纵情享受的时刻。就像狐狸和兔子之间的互动一样，社会互动也会让我们在全体兴奋不已与愁云笼罩之间摇摆不定，在关注一个新闻报道与忘记另一个新闻报道之间摇摆不定，在一个社会活动与另一个社会活动之间摇摆不定，在不同的思想和信仰之间摇摆不定，在朝着一个人生目标前进与远离我们想要的东西之间摇摆不定。

让我们自己随着社会互动的浪潮起起伏伏并不是愚蠢，相信事情稳定的时候会更好才是愚蠢。

不只是各部分的加总

第二周的周三，在帕克讲完传染病模型后，我们走出教室。这时，澳大利亚生物学家玛德琳从后面抓住我的肩膀，让我转过身面向她。然后，她直视着我的眼睛说："我们需要谈谈。"

她径直把我带到外面喝下午茶的一张桌子前。她告诉我，这堂课对她产生了深远的影响，这正是她一直在寻找的东西。帕克对社会互动的描述很重要，而这正是她的蚂蚁研究所需要的。她说：

"蚁群并不稳定。它们总是在做不同的事情，不停地切换任务，比如清洁、喂养后代、寻找新的食物来源、建造蚁巢……"

两年来，玛德琳一直在收集蚂蚁觅食的数据，但她始终没有形成完整的概念。帕克在课上讲的正是这些东西，只是她自己不能完成数学计算。她微笑着说："这就要靠你了。"她直视着我说。我的工作是帮助她用洛特卡化学反应来描述蚂蚁。

这也是我一直在寻找的挑战。我拿出笔记本，玛德琳则继续谈论"她"的蚂蚁。她总是这样称呼蚂蚁，好像蚂蚁是她的孩子。她告诉我，它们在觅食的过程中会释放信息素。她向我介绍了蚂蚁的活动周期：有时它们到处跑，有时则静静地待在蚁巢里。她一边说，我一边记：要用一种反应描述在喂食器那里采集食物的蚂蚁，要用一种反应描述休息的蚂蚁，还要用一种反应描述寻找食物的蚂蚁。玛德琳不停地纠正我画的图，说有些东西被我想得太简单了，而有些东西又没有我想象的那么重要。

其他学生都回到教室去听下一位老师的课了，而我们俩还坐在桌子旁。玛德琳强调，如果只有一只蚂蚁找到食物并给其他蚂蚁留下信息素，那么这些信息素通常会在其他蚂蚁找到这条路线前挥发掉。她说："如果我们把寻找食物想象成感染病毒，那么至少需要两只蚂蚁才能'传染'另一只蚂蚁。"经她这么一说，我就意识到蚂蚁邀请其他蚂蚁前来采集食物的化学反应式一定类似于下面这种：

$$L + 2F \to 3F$$

需要两只找到食物的蚂蚁（F）才能引来一只正在寻找食物的蚂蚁（L）。两只找到食物的蚂蚁可以转化一只正在寻找食物的蚂蚁，这就是"需要两个"化学反应。

我们又添加了一个化学反应式：

$$F \rightarrow R$$

它表示，随着时间的推移，采集食物的蚂蚁最终会休息（R）。这类似于传染病模型中的恢复，我们假设蚂蚁无须询问其他蚂蚁的意见就可以休息。玛德琳说："它们会走开，去做别的事。"

然后，玛德琳接过我手中的纸，自己动手把那些化学反应绘成了图。我找来了另一张纸，用方程描述上述反应的动力学原理——微分方程可以描述反应速度随时间发生的变化。首先，我观察了蚁群规模较小或蚂蚁在很大范围内寻找食物时的反应速度。在这种情况下，蚂蚁很少碰面，也不太会邀请其他蚂蚁采集食物。所以，即使一些蚂蚁一开始就找到了食物，关于食物的信息随后也会消失，因为蚂蚁没等到把食物信息传播出去就开始休息了，如图2–4a所示。图中向下的箭头表示不再有找到食物的蚂蚁（之前找到食物的蚂蚁都休息了）。

接着，我查看了互动发生率提高后会产生什么结果。为此，我计算了邀请成功率与休息率相等的平衡状态。对于标准传染病模型，这就是感染速度与恢复速度相等的"群体免疫"水平。与传染病的平衡状态是一条垂直的线（图2–2b中的虚线）不同，蚂蚁模型的平衡状态是一条曲线（图2–4b中的虚线）。如果最初找到食物

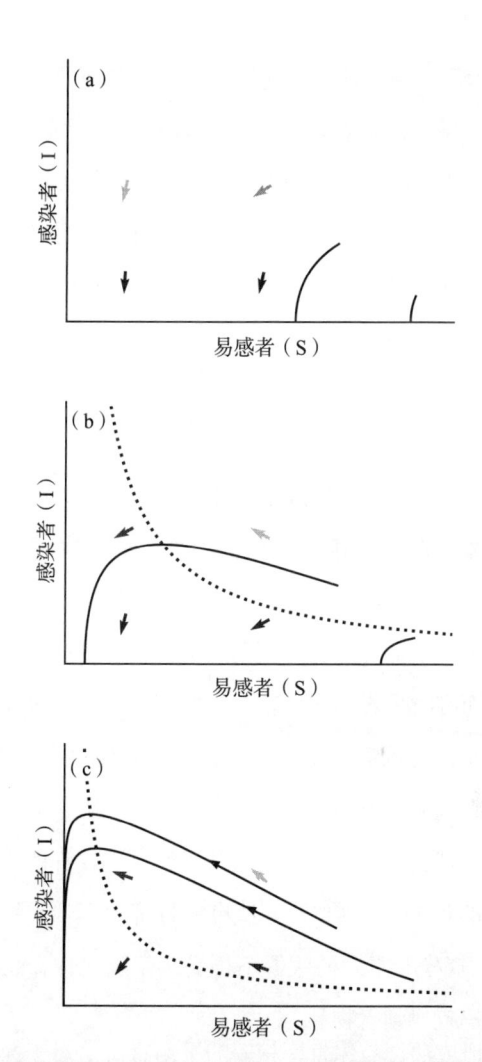

图 2-4 蚂蚁路径的"需要两个"模型。感染者指找到食物的蚂蚁，易感者指正在寻找食物的蚂蚁。(a) 当互动发生率较低时，感染者无法邀请很多易感者前来采集食物。(b) 当互动发生率适中时，如果最初发现食物的水平较低，感染者将无法邀请很多易感者前来采集食物；但如果发现食物的水平高于"群体免疫"线，它们则能邀请到很多易感者。(c) 感染者几乎总能邀请到易感者前来采集食物

第 2 章 互动思维 081

的蚂蚁数量低于这条曲线，这些蚂蚁来不及邀请到足够多的蚂蚁传播信息就会休息（参见图2–4b虚线下方右下角的箭头）。不过，如果一开始有相当多的蚂蚁找到了食物，它们就能够传播信息并邀请到几乎所有蚂蚁前来采集食物。最后，我研究了蚂蚁频繁互动时的情况。此时，即使只有几只蚂蚁找到了食物，最终也会使所有蚂蚁都找到食物（图2–4c）。

"就像帕克在课上说的那样！"我大声说道，"蚂蚁不只是各个组成部分的加总。要想知道它们能采集到多少食物，只是简单地把它们加到一起是不行的。实际情况要复杂得多。"

如果蚂蚁只是各个组成部分的加总，那么找到食物的蚂蚁比例与互动发生率将成比例。然而，很少互动的蚂蚁几乎采集不到食物：它们小于各个部分的和。互动发生率较高的蚂蚁有时会采集到很多食物，而有时采集不到食物：它们有时大于各个部分的和，而有时小于各个部分的和，这取决于它们刚开始寻找食物时的情况。换句话说，它们能否成功找到食物是由偶然性决定的：如果一开始有足够多的蚂蚁找到了食物，那么几乎所有蚂蚁都能找到食物（大于各个部分的和）；否则，几乎所有蚂蚁都找不到食物（小于各个部分的和）。规模非常大的蚁群不再受制于随机性，它们总能成功地让大部分蚂蚁找到食物。

我总结道："小蚁群肯定失败，大蚁群肯定成功，规模中等的蚁群能否成功，则取决于一开始有多少蚂蚁找到了食物。"

玛德琳非常兴奋。"我要测试一下！"她说，"我可以做一个实验。这肯定很有趣。"

我不太确定该怎么做,于是她给我做了一些解释。将蚂蚁分成规模不等的蚁群,就可以控制它们的互动发生率。该模型预测,小蚁群根本无法利用信息素建立采集食物的路径,而大蚁群的成功率极高。

现在我明白她的意思了。我还意识到另一件事:对中等规模的蚁群来说,一切都取决于它们刚开始寻找食物时的情况。"在蚂蚁刚开始寻找食物时有没有什么办法可以帮到它们?"我问,"这样我们就可以测试是否有两种稳定的结果:一种是它们找到了很多食物,另一种是它们几乎找不到食物。"

她答道:"有的!当然有办法。"她说,她可以做一个实验,首先把一些蚂蚁放在喂食器旁边,帮助它们从一开始就找到食物。该模型预测,以这种方式取得开局优势的蚂蚁总能找到通向食物的路径。相比之下,没有取得开局优势的蚂蚁通常无法建立觅食路径。

"蚂蚁就像人类一样,"玛德琳说,"如果有足够多的人参与工作,那么所有人都会参与进来。这是人类的工作方式,我认为蚂蚁也一样。我打算一回到悉尼就进行这项测试!"

环境对人的影响

一小群蚂蚁发现食物后,所有蚂蚁很快就能找到这些食物,这是引爆点(tipping point)的一个例子。在人类社会中,引爆点可以描述本来一直缓慢发展的趋势突然(没有明显原因)加快速度并变得非常普遍的情况。以20多岁的男性留胡须为例。在2012年之前，留胡须在英国年轻男性中并不太流行。但这一情况很快就发生了彻底的变化。短短几年时间，形状各异、规模不一的胡须就随处可见了。2012年年底或2013年年初是留胡须潮流的引爆点。

引爆点与社会传染及恢复之间有一些相似之处。两者都涉及一群人施加影响，从而使另一群人加入进来。但引爆点的不同之处在于，它们涉及两种稳定状态：一种是几乎没有人参与某种行动或时尚，另一种是有很多人参与。图2–4b中表示平衡状态的虚线划分了这两种稳定状态：一种是没有蚂蚁找到食物，另一种是所有蚂蚁都找到了食物。以上面的例子为例，一种稳定状态是几乎没有人留胡须，另一种是有很多人留胡须。

上文中的蚂蚁模型表明，被引爆点分隔的多个稳定状态是"需要两个"化学反应导致的结果：

$$S + 2I \rightarrow 3R$$

我们可以在人类身上看到蚂蚁的这种社会反应。例如，在那群朋友中，安东尼是第一个留胡须的人，但约翰和查理起初并不愿意效仿他。当理查德决定留山羊胡时，情况发生了变化。约翰突然注意到他们是一个S（约翰）和两个I（安东尼和理查德），于是他也被说服了。他开始炫耀留了3天、修理得整整齐齐的胡茬儿。不久，查理也加入了他们的行列。

有时，人们在说到引爆点（也就是临界质量）时会说，"他留胡须是因为其他人都留了胡须"。事实上，引爆点的状况更像"他留胡须是因为他有 2 个朋友留了胡须,在他之后第 4 个人效仿他和其中一个朋友,也留起了胡须,就这样留胡须的习惯传播开了"。引爆点并不要求人们知道有多少人在留胡须、穿粉色衬衫、看某部电视剧、文身,甚至犯下轻微的罪行。相反,只要人们觉得周围有很多人都在做这些事情即可。思想或行为的局部传播足以产生引爆点。

假设詹妮弗想要拥有更好的身材。在发现健康的生活方式可以让她多活 12 年之后,她知道自己应该经常锻炼、适度饮酒,但问题是她的朋友和她一样——他们每周锻炼不超过一次,而且他们的社交活动大多包含一项重要内容:周末大量喝酒。她想做出改变,但觉得单靠自己是做不到的。她怎样才能促使自己和朋友们改变生活方式呢?

在这种情况下,理解我们在病毒式传播中看到的"一对一"反应与上述"需要两个"反应之间的区别,就变得至关重要了。确实,偶尔也有朋友建议詹妮弗一起慢跑。他们穿上运动鞋,绕着公园跑。但这种情况不会经常发生,因为几天后就会有另一个朋友建议她不要去跑步,而是去酒吧。然后,他们徒劳的健身努力变成了酒吧里的笑料。

为了克服这个障碍,詹妮弗需要把她的朋友想象成靠一己之力很难搬动的沙发。但如果有人出手帮助她,这件事就会容易得多。她还记得安东尼留胡须的时候,约翰此前从未想过留胡须,但在理查德开始蓄山羊胡须后,约翰改变了主意。詹妮弗和妮娅的关系没有她和索菲那么亲密,但她知道妮娅很可能会坚守承诺。所以她提议两人一起慢跑，每周两次。妮娅经常工作到很晚，因此詹妮弗在约定一起跑步的当天给妮娅发短信，强调上次跑得很好，以及她很期待在公园见到妮娅。很快，她们就建立起紧密的联系，妮娅也开始给詹妮弗发短信，提醒她跑步。詹妮弗甚至不担心其他人会干扰她们。

在她们两人养成慢跑习惯后，詹妮弗认为是时候让索菲参与进来了。于是，她开始邀请索菲去跑步，同时也会邀请妮娅。她们并不总是三个人一起跑，但现在詹妮弗关注的重点是让索菲参与跑步。妮娅已经迷上了这项运动，在詹妮弗忙不开的时候，她也乐意给索菲发短信，邀请她一起跑步。

对包含 10 个朋友的圈子来说，3 个人还不足以触发引爆点。不是所有朋友都能被说服去慢跑。如果要做运动，阿伊莎和苏琪更喜欢跳有氧健身操，安东尼、贝琪、查理和约翰更喜欢踢足球，理查德（如果强迫他运动）则更喜欢去健身房。所以，詹妮弗为他们 10 个人创建了一个名为"每周锻炼两次"的聊天群。她和妮娅、索菲会在群里分享她们跑步的照片。她也会安排大家在某天晚上一起踢足球，她还给阿伊莎和苏琪报了一个免费的有氧运动课程。在已经被她改变的阿伊莎和苏琪的帮助下，詹妮弗再去改变其他人就没那么难了。她仍然需要努力，因为这个群体的稳定状态是在酒吧里放松（尤其在踢完足球之后），但她知道，一旦达到引爆点，一切努力就会得到回报。

现在你可以体会引爆点的美妙之处了。一旦这个群体越过了 5 这个阈值（苏琪开始跳有氧健身操，查理开始在群里发 5 人足球赛的照片），反馈就会让他们保持下去。现在这个群体里的同侪压力是保持身体健康。如果詹妮弗退回到她以前的不健康行为，她的朋友就会提醒她该去跑步或上健身操课程了。即使是最不情愿做运动的群体成员，也开始在群里发照片了。

我们要记住的一个要点是，付出的努力与效果往往不成正比。一开始，詹妮弗需要非常努力地说服她的朋友们，但一旦她越过了门槛，她无须多费力气就能留住他们。同样，这与一对一传染病模型不同，后者的效果与个体之间接触的次数成正比。在标准的传染病模型中，启动健康行为所需的努力比"需要两个"化学反应所需的努力要少，但在建立了一种行为后，要让所有人坚持下去，一对一模型所需的努力比"需要两个"模型多。一旦所有人都参加了詹妮弗的健身计划，她就有可能松懈下来（松懈一点儿）；即使她感到自己开始失去动力，她也会很快恢复过来，因为现在她周围的朋友都在疯狂健身。

我们从人类互动中汲取的教训是，如果我们想改进自己，就需要增加团队成员互动的强度。尝试一次是不够的，我们需要在团队中增加动力。一旦我们有了动力，当达到每个人都参与其中的稳定状态后，我们就会更容易坚持下去。

在工作和学校的团队环境中，我们经常会发现自己陷入了一个恶性循环：似乎所有人都持消极态度，任何积极的尝试都会遭遇更加消极的态度。每天简单地给出一两条积极的评论，可能会让你听到多条积极的评论，但这不足以改变团队文化，因为你的低强度的积极性会被高强度的消极性淹没。不过，这并不意味着团队动态无法改变。相反，你们需要坐在一起，就尝试改变达成一致意见。也许不是每个人在碰头会后都会直接采取积极的态度，但只要有足够多的人这样做，引爆点就会为我们完成剩下的工作：那些拒绝改变的人最终会被那些接受改变的人的积极态度说服。

第三定律

理想的结果是找到一个体系，即一种来表现我们所看到的本质的方法，可以是一组反应或一组简单的规则。

1920年，距阿尔弗雷德·J.洛特卡发表他的周期循环反应已经过去10年了，他仍然觉得自己的才华还没有得到充分发挥。在分析实验数据、编辑期刊文章和审查专利这些工作中，他肯定会遇到一些有趣的挑战，他的同事都很欣赏他的分析能力。但对洛特卡来说，这些都是鸡毛蒜皮的小事，并不能让他更深入地了解他渴望了解的东西。

他的文章在学者同行中反响平平，几乎没有人关注，也没有人跟进研究。在阅读了第一次世界大战期间英国陆军中校罗纳德·罗斯爵士发表的一篇研究疟疾传播的文章后，洛特卡受到了些许鼓舞。罗斯认识到可以通过两种方法来思考传染病——后验方法和先验方法。他写道："前一种方法从观察到的统计数据开始，努力用分析定律拟合这些数据，从而回溯到根本原因……"这是费希尔等剑桥大学统计学家正在发展的统计方法。

洛特卡对罗斯所说的先验方法更感兴趣。罗斯认为，模拟疟疾传播（其目的是捕捉蚊子、病毒本身和病人之间复杂的相互作用）需要使用先验方法。关于这种方法，罗斯写道："我们先假设知道原因，然后在这个假设的基础上构建微分方程，跟踪逻辑推论，最后通过将其与观察到的统计数据进行比较来检验计算结果。"我们"假设知道"蚊子在人类宿主之间随机传播疟疾，然后利用传染病模型来"跟踪逻辑推论"，用图示说明疾病将如何传播，最后对模型与传染曲线进行比较，以"检验计算结果"。罗斯请女数学家希尔达·哈德森帮助建立他提出的模型，他们一起用这些模型来解释传染病的兴衰。哈德森甚至发现了洛特卡模型中的周期性，然后她和罗斯用它来解释为什么传染病还会有第二波和第三波。

洛特卡意识到他想要创建的是一种先验方法，而且不只是适用于传染病。罗斯称其为"事件发生理论"（theory of happenings），暗示它有更深刻的含义。但洛特卡觉得"事件发生"这个名称并没有真正表现出它的深刻含义。他回想起在莱比锡跟随奥斯特瓦尔德学习的情景，当时他们关注的重点是热力学第二定律。这个关于物理系统的定律指出，在能量转化的过程中，总会有一些能量以热的形式被浪费掉。第二定律是现实世界中所有化学反应最终达到平衡状态的原因：在化学家的烧杯中，分子之间的反应迟早会达到平衡，分子本身也会均匀分布。在洛特卡看来，第二定律似乎不太适用于以不断创造新的动植物为特征的生命系统。在创建他自己的振荡反应时，他忽略的正是第二定律，他想知道能否找到一个新的热力学定律，也就是适用于生物系统、社会系统乃至人类意识的第三定律。

他先对1910年的模型做了一些小的改进，并将其发表在美国的重要期刊《美国国家科学院院刊》上。期刊编辑雷蒙德·珀尔对洛特卡的投稿非常满意,要求他再写一篇文章。深受鼓舞的洛特卡拿起了笔,他要把脑子里的所有想法都写下来。20世纪20年代的美国刚刚经历了"一战"和西班牙大流感,他目睹了一个社会是如何自我重建和重新焕发生机的。他写道,人类"通过'扩大轮子'和使轮子'转得更快',加速了生命周期中的物质循环"。他想知道,人类是否正在将某种未知的物理量推向最大值?洛特卡写道:"现在看来,这似乎是有可能的。而且我们发现,这个物理量可以用功率来衡量,即单位时间内的能量。"

在这篇新论文发表后,雷蒙德·珀尔更加确信洛特卡会有所建树。珀尔邀请洛特卡到约翰斯·霍普金斯大学,为他找到了一笔为期两年的研究资金,并告诉他打开思路,去寻找驱动人类社会运转周期的力量源泉,把过去20年在他脑海中盘旋的所有想法都写出来。

就雄心和范围而言,洛特卡没有让人失望。他完成的《物理生物学原理》援引了《圣经》和H.G.威尔斯、刘易斯·卡罗尔、华兹华斯等人的著作,描述了葵花籽和老鼠的生长、细菌菌落的传播、美国人口的增长、以尸体为食的蠕虫、疟疾的流行、森林生态系统、寄生虫和宿主、食物网、男性预期寿命、饲养和屠宰牛的做法,以及进出口经济的起伏。洛特卡认为,所有这些问题的解决方案都会归结到一个想法上:写下化学反应式并研究相互作用。

洛特卡、罗斯和哈德森当初采用的方法现在已经广泛应用于各种生物系统,包括:模拟疾病传播;模拟癌性肿瘤,寻找阻止它们生长的新方法；描述生态系统以及它们是如何应对气候变化的；了解斑马皮毛上的条纹图案和动物胚胎的发育；模拟构成生命基础的生化反应……

元胞自动机

在圣达菲的第二周周五的课堂上，帕克向我们展示了洛特卡方法在神经科学、天气建模等多个领域中的应用。快下课时，他向我们介绍了他的一个同事，一位留着齐肩长发，穿着牛仔靴、李维斯牛仔裤和格子衬衫，皮带扣非常显眼的男士。我一下子就被他那嬉皮士风格的外表迷住了，我甚至没有听清他姓什么。但他告诉我们可以叫他克里斯。

"我还不知道我们周末要看牛仔竞技表演呢。"鲁珀特对我和埃丝特低声说。

埃丝特笑了，但我没怎么笑。本来我觉得鲁珀特应该会承认帕克的课让他有不少收获，但他仍然冷嘲热讽。而且埃丝特竟然觉得鲁珀特说的很多话非常有趣，这是最让我恼火的。她在攻读硕士期间曾跟随帕克学习过，她肯定知道他的理论有多么了不起。

他们俩都安静了下来。当克里斯开始讲课时，教室里静悄悄的。他告诉我们，下午他会在计算机实验室做元胞自动机的实验。这种数学模型是斯蒂芬·沃尔弗拉姆理论研究的基础。克里斯说，沃尔弗拉姆并没有发明元胞自动机模型，但他描述了初等元胞自动机，这是最基本的元胞自动机模型。计算机实验室的活动可以自愿参加，克里斯说如果我们不想去他也能理解，但他欢迎我们和他一起去。

"再见。"鲁珀特说，"我要去解特征方程，我不会把时间浪费在玩电脑游戏上。"

埃丝特转身问我："你去吗？"对我来说这个问题根本不需要考虑。休息一下午固然好，但我怎么能错过这个机会呢？

计算机实验室位于地下室，里面摆放的机器大小不一、形状各异，安装的操作系统也五花八门。我们进入实验室后，克里斯说，洛特卡的目标与70年后沃尔弗拉姆的目标并没有什么不同，他们都对热力学第二定律感到困惑。热力学第二定律告诉我们，在物理系统中，随着时间的推移，事物会变得越来越混乱、越来越随机。气体中各个位置的压力会实现稳定的平衡，盐会溶解在一杯水中，火最终会熄灭并留下一堆稳定的灰烬，火的热量通过空气扩散、冷却。

沃尔弗拉姆和洛特卡都想知道，为什么世界上到处是像捕食者–猎物循环这样的周期模式，甚至还有更复杂的模式，比如生命本身？

洛特卡专注于化学反应（在化学反应中，气体或液体中的单个分子均可自由移动），沃尔弗拉姆则意识到了局部相互作用的重要性。克里斯说："在传染病模型或捕食者–猎物模型中，我们假设动物（或人类）个体接触其他所有个体的可能性相同。但在元胞自动机模型中，相互作用是建立在固定的细胞网格之上的，更贴近现实生活。在现实生活中，我们会反复遇到同样的人，与同样的人反复发生相互作用。"

为了理解元胞自动机，克里斯让我们考虑如下由 1 和 0 组成的字符串（被称为二进制字符串）：

110010000111000011011111001

我们将二进制字符串中的每个 1 或 0 称为"位"（bit），就好比我们将 0 到 9 这 10 个数称为"数字"（digit）。因此，就像十进制数 458 有三个数字（4、5 和 8）一样，二进制字符串 010 有 3 位（0、1 和 0），而上面那个二进制字符串有 27 位。

初等元胞自动机旨在告诉我们将一个位串转换成另一个位串的规则。例如，考虑下面两个规则，并将其应用于上述字符串中的位。

1. 如果 0 的左邻位是 1，它就变成 1；否则，它就保持不变。
2. 1 始终保持不变。

如果将这两个规则应用于上述二进制字符串，我们就会得到一个新字符串：

111011000111100011111111101

注意，原字符串中所有左邻位是 1 的 0 在新字符串中都变成了 1。再应用一次这两个规则，我们就会得到：

111111100111100111111111111

第 2 章　互动思维　　093

再应用一次，我们就会得到：

1111111101111110111111111111

最终，我们会得到：

111111111111111111111111111

字符串中的所有位现在都是 1。克里斯说，对于任何一个初始二进制字符串，第一个 1 右边的所有 0 最终都会变成 1。就像多米诺骨牌倒下后引起的连锁反应一样，所有 0 都变成了 1，最后得到全部是 1 的稳定排列。

克里斯又给出另一个字符串：

0100011011110101011010

我们将以下 3 个规则应用于字符串中的位：

1. 如果一个位的两个邻位（左、右邻位）都是 0，它就变成 0。
2. 如果一个位的两个邻位都是 1，它就变成 1。
3. 如果一个位的左右邻位的值不同，它就保持不变。

例如，如果一个字符串的三个位是 010，由于中间的位是 1，它的两个邻位都是 0，1 应该（根据第一个规则）变成 0，于是这个字符串变成了 000。将这三个规则应用于上面那个长字符串，就会发生如下变化：

0100011011110101011010
↓
0000011111111010111100
↓
0000011111111101111100
↓
0000011111111111111100

所有孤立的 0 或 1 都会被它们占多数的邻位所取代（我们假设这些位形成一个环，如果字符串的末位是 1，那么它的左邻位是 0，它的右邻位则是字符串开头的那个 0，于是这个 1 变成 0）。

他告诉我们，我们也可以将 1 和 0 视为有政治派别的人。0 可能是民主党人，而 1 可能是共和党人。每个人都有两个邻居，如果他们都不认同他的政治立场，就会说服他改变立场；否则，他就会保持原来的立场。最终，就会形成民主党派和共和党派。

克里斯说，这种模式是稳定的：如果再次应用这些规则，也会得到相同的结果。

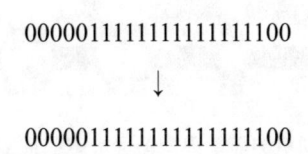

0000011111111111111100
↓
0000011111111111111100

不管我们应用这些规则多少次，字符串都永远不会改变。不管刚开始时的字符串是什么样，最终都会趋于稳定——只要人们待在同一个地方，听不到新的意见，也不改变他们对世界的看法。他开玩笑说，这就像美国的地缘政治：一串1（共和党人）居于美国中部，一串0（民主党人）则居于东西沿海地区。

接着，他给我们布置了一项任务："现在，我想让你们在电脑上模拟这些规则。如果你知道怎么做，就可以得到一些异乎寻常的图案。但你们还在起步阶段，所以让我看看你们能否利用这些规则创造出一个类似棋盘的东西。"

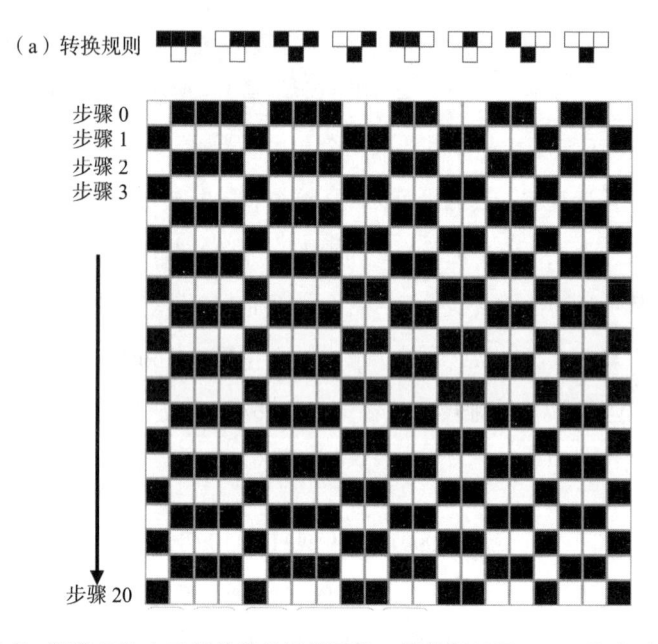

图 2-5　初等元胞自动机的简单周期图案。图的顶部显示了元胞自动机通过上一行三个元胞决定下一行结果的规则。这个规则也可以用文字表示：黑色是1，白色是0。在本例中，如果中间的元胞是白色的，下面的输出元胞就是黑色的，反之亦然。这个规则会产生交替变化的线型图案

实验室里没有足够的电脑让每个人都可以独立工作，于是我和埃丝特坐到了一起。她把键盘摆在自己面前，牢牢掌握了控制权。她说："这不会花很长时间的。"然后，她开始在电脑终端的窗口输入代码。

埃丝特很快意识到，如果我们制定的规则直接把所有 1 都变成 0，把所有 0 都变成 1，它就会无休止地循环下去。然而，在她把规则改成黑色（表示 1）和白色（表示 0）元胞组成的阵列后，电脑屏幕上很快就显示出图 2–5 的图案。克里斯从我们身后俯身看了看，赞许地点点头说："有趣的线条！"

埃丝特停顿了一会儿，然后说，初等元胞自动机的所有规则都可以写成如下形式：

```
111  110  101  100  011  010  001  000
 0    0    1    1    0    0    1    1
```

可以看出，上一行中的位加上其左右两个邻位可以决定它在下一行发生的变化。上述规则集可以生成线条：在任何情况下，中间位如果为 0，就变成 1，反之亦然。在计算机中，1 是黑色元胞，0 是白色元胞（图 2–5 的顶部显示了黑白元胞规则），模拟结果产生了黑白交替的线条。

找到生成棋盘的规则比找到生成线条的规则难度更大。我刚想提些口头建议，埃丝特就大声说道："我知道了！"随后，她迅速写下一组新规则：

$$111\ 110\ 101\ 100\ 011\ 010\ 001\ 000$$
$$1\quad 0\quad 1\quad 1\quad 0\quad 0\quad 1\quad 0$$

她一边输入电脑，一边解释说："如果我们让全黑区域保持黑色，让全白区域保持白色，棋盘就会从侧面侵吞进来。"

她提出的规则与产生交替图案的规则基本相同。但如果上面一行中的三个元胞都是黑色的（或者都是白色的），那么根据她的新规则，中间的元胞仍是黑色的（或者是白色的）。这不是一个完美的棋盘，并非在所有地方黑色元胞都会与白色元胞相邻，但这恰恰是克里斯所要求的（图 2-6）。

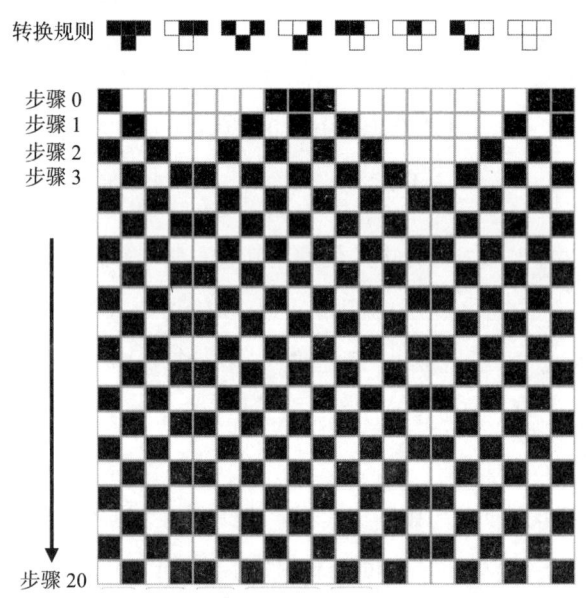

图 2-6 初等元胞自动机生成的棋盘图案。图的顶部显示了元胞自动机通过上一行的三个元胞决定下一行结果的规则，也就是埃丝特用文字解释的那套规则

克里斯看起来很高兴，并又一次表扬了埃丝特："太棒了！再来一个难点儿的吧！请你们设计一组会生成混乱图案的规则，一组会生成复杂图案的规则，以及一组会生成美丽图案的规则。我希望你们能充分发挥想象力。下周交给我。"

埃丝特和我坐在那里，继续尝试不同的想法。但是，我们尝试的规则要么生成稳定的黑屏，要么生成稳定的白屏，要么生成黑白交替图案。那天是星期五，天色有些晚了，我也有些精神不振了。

克里斯走到我们的电脑旁。他已经准备离开实验室回家去了。"休息一下，伙计们。"他一边说着一边抬手关掉了电脑屏幕，"你们必须离开这里，去感受市中心的氛围。我知道有个叫埃尔法罗的酒吧，这个周末你们去那里看看吧。我保证它不会让你们失望的。"

埃丝特和我看一看对方。克里斯说的是对的，不先休息一下，就完成不了他布置给我们的任务。是时候走出去体验真实的世界了。

处理争吵的有效规则

查理和阿伊莎已经结婚 5 年了，有两个小孩。他们的关系很好，但他们都是上班族，还要忙于社交、照顾孩子、做家务，所以他们也会发生争吵。有时，在刚吵完架后，查理真希望把他们的争吵录下来。那样的话，他就可以播放录音，从头到尾复盘一遍吵架过程，让阿伊莎知道是她（而不是他）最先挑起争端的。他只想坚持事实，而阿伊莎喜欢进行人身攻击。

我们大多数人都会有这种感觉。我们多么希望让他们知道，是他们把讨论推向了错误的方向，是他们失去了理智，是他们的错误使然，是他们挑起的事端。

然而，我们绝不能录下我们的对话。偷录谈话是导致亲密关系破裂和离婚的原因之一。即使只是提及录音，也足以再次引发争吵。如果查理对阿伊莎说"要是你能听听自己说过的话就好了"，这句话本身就是一个错误，无助于她看到自己的错误（从查理的角度看）。

但是，我们也可以想一想（当我们独处且已经冷静下来的时候），真有这样的录音的话，你能听到什么，你的嗓门有多大。

在此之前，我们先模拟阿伊莎和查理之间的激烈争吵。在这种情况下，知道阿伊莎和查理彼此相爱是很重要的。他们也确实如此：他们关心彼此之间的关系，发自内心地尊重对方。但此时此刻他们发生了分歧，而且是相当严重的分歧。

我们把他们的行为表示成一个二进制字符串，即由 1 和 0 组成的序列。例如，下面这个序列代表阿伊莎的愤怒程度正在逐渐增加：

阿伊莎：0000000111001100011001111111

字符串中的每个位分别代表她说过的一句话：0 代表冷静的反应，1 代表她提高了嗓门。随着对话的进行，0 变得越来越少，而 1 变得越来越多。很明显，阿伊莎越来越生气了。

不过，这只表现了其中一个人的言行。是什么导致阿伊莎的情绪从冷静变为怒气冲冲的呢？为了找到答案，现在让我们看看查理的表现。再说一遍，0是冷静的反应，1是攻击性的反应。

查理：000000000110001110111011111

他也越来越生气了。随着序列从左到右，查理的表现逐渐从0切换到1。因此，吵架是两个人的事。

现在，我们把这两个字符串放在一起：

阿伊莎：000000011100110001100111111
查　理：000000000110001110111011111

时间的方向是从左到右，由此可以看到阿伊莎提高嗓门的行为（用1代表）比查理出现得更早。

"好吧，那就这样吧，"查理可能会说，"看看是谁先生气的。阿伊莎，是你……挑起的事端，而我只是在回应你。"

抱怨"是他们先挑起来的"，这是我们从小就有的做法。对许多人来说，这是一条道德法则：如果是你先挑起的，你就应该受到指责。但这种观点不仅是错误的，而且是危险的。我知道这些，是因为我在本例中给出的1和0的序列并非来自一次真实的争吵，而是一个数学模型输出的结果。

我先解释一下这个模型，然后再回到这个结论：用"是他们先挑起来的"规则评判谁是谁非是错误的做法。考虑如下转换规则：

第 2 章　互动思维　　101

50%：1
0 → 1

它应该这样解读："如果刚才阿伊莎冲查理大吼大叫，而查理没有吼叫，那么现在查理冲阿伊莎吼叫的概率是 50%。"上面一行中的 1 表示阿伊莎在大吼大叫，下面一行中的 0 表示查理没有吼叫，→ 1 则表示查理开始吼叫。50% 是转换概率。

由此可见，上述规则是概率性的。我们可以把阿伊莎冲查理吼叫想象成查理在抛硬币。如果硬币正面朝上，就代表他会吼回去；如果反面朝上，就代表他不会吼叫。这与克里斯在圣达菲给我们展示的初等元胞自动机有一个重要的区别。初等元胞自动机是确定性的：对于任何给定的输入，它都会产生相同的输出。在应用元胞自动机时（比如我们现在用它模拟争吵），概率法则更贴近现实情况。在同样的情况下，人类不总是有同样的表现，从根本上看人类的行为是不可预测的，而概率法则能表现我们的一些不可预测性。

到目前为止，我只应用了一个规则。一般来说，这些规则取决于阿伊莎和查理最近在对话中的表现。例如，如果他们都没有吼叫，查理先开始吼叫的概率就会降低（假设是 10%）。据此我们写出如下转换规则：

10%：0
0 → 1

这个概率不是零。阿伊莎和查理正在进行激烈的争论，所以查理有可能发脾气。但是，这种情况发生的概率远低于在对方先吼叫的情况下吼回去的概率。同理，我们可以为查理发生吼叫的所有可能情况制定如下转换规则：

"双方都没有吼叫" "阿伊莎吼叫" "查理吼叫" "双方都吼叫"
10%：0　　　　50%：1　　　70%：0　　　95%：1
0→1　　　　　0→1　　　　1→1　　　　1→1

前两条规则我们在前文中讨论过：如果阿伊莎和查理都没有吼叫，那么查理有10%的概率先大吼大叫；如果阿伊莎在吼叫，那么查理也有50%的概率开始吼叫。在此基础上，我们再增加两个规则：如果查理先大吼大叫（而阿伊莎没有吼叫），那么查理继续吼叫的概率为70%；如果两个人都在吼叫，那么查理继续吼叫的概率是95%，而他们自发停止争吵的概率只有5%。

我们已经定义了查理对各种可能情况的反应，现在我们来定义阿伊莎的反应：

"双方都没有吼叫" "阿伊莎吼叫" "查理吼叫" "双方都吼叫"
10%：0→0　　70%：1→1　50%：0→0　95%：1→1
　　0　　　　　　0　　　　　　1　　　　　　1

注意，阿伊莎和查理会对对方做出完全相同的反应，他们的脾气和对方一样坏（或一样好），还会对同样的信号做出反应。

我们现在得到了两个人争吵的完整模型，我就是用这个模型来模拟查理和阿伊莎的争吵的。让我们再来看看如下序列，不过这一次我们要结合生成该序列的规则来考虑。

阿伊莎：00000001110011000110011111
查　理：000000001100011101110111111

最初，一对0之后通常会有更多的0，因为"双方都没有吼叫"的规则导致吼叫的发生概率很低。当阿伊莎开始吼叫（概率一直是10%）时，查理开始吼叫和查理继续吼叫的概率都很高。有一段时间，双方的吼叫处于此起彼伏的状态，直到双方都不停地吼叫。

上面的序列只是我们的概率元胞自动机模型对一个可能的争吵过程的模拟。通过多次运行该模型，我们逐渐了解了它可以产生的结果类型。有时争吵发展至双方都在吼叫的速度会更快，例如：

阿伊莎：0000111011111110110111111
查　理：0001111111111111111101111110

有时需要争论更长的时间才会有人先开始吼叫，但随后吼叫会继续下去：

阿伊莎：00000001000011111111111111
查　理：00000000001111111111111111

有时0和1相互混杂，表示吼叫会时断时续地发生：

阿伊莎：00000000011011101100001110
查　理：00000011100111110000000011

有时双方都有点儿生气，但没有大吵大闹：

阿伊莎：01000000011101000000000000
查　理：00000000000000011100010000

在某些情况下，争吵开始后不久就平息了：

阿伊莎：01111111111100001000100000
查　理：00011111111101000001000000

这些争吵都产生于同一组互动规则，即我在上文中设定的规则，但产生的结果大相径庭。

"是他们先挑起来的"这条规则并没有对上文中的模拟争吵提供有价值的见解。争吵有时是阿伊莎引发的，有时是查理先大吼大叫的。有时阿伊莎吼叫得比查理更凶，有时情况则正好相反。但我

第 2 章　互动思维　　105

们知道（因为规则是我们制定的）查理和阿伊莎会对对方做出相同的反应，也会出于同样的原因触怒对方。查理和阿伊莎刚刚发生的争吵并不重要，重要的是产生争吵的互动规则。

我们建立概率元胞自动机模型，正是为了观察一系列特定互动的结果。这为我们提供了一个起点，让我们看看阿伊莎和查理如何改进他们之间的交谈方式。查理不应该把阿伊莎说的所有不中听的话都记录下来，而应该考虑如何调整自己的反应。例如，假设查理对他自己的互动规则做出如下修改：

"双方都没有吼叫"　　"阿伊莎吼叫"　　"查理吼叫"　　"双方都吼叫"
　　10%：0　　　　　　10%：1　　　　10%：0　　　　　95%：1
　　0 → 1　　　　　　 0 → 1　　　　　1 → 1　　　　　 1 → 1

根据这些规则，查理在回应阿伊莎时应做到尽量不提高嗓门，即使他（错误地）提高了嗓门（这种情况发生的概率为10%），他也要立即停下来。但查理也意识到，如果他们俩都在吼叫，他就很难停下来，所以之前针对这种情况的规则现在仍然适用。

如下是在这些新规则下模拟争吵的一个示例：

阿伊莎：0 0 1 0 0 0 0 1 1 0 0 0 0 0 0 0 1 1 1 1 1 0 0 0 0 0
查　理：0 0 0 0 0 0 1 0 0 0 0 0 0 0 0 1 0 0 0 0 0 0 0 0 0 0

在这个序列中，查理犯了两个错误，导致阿伊莎开始吼叫

（阿伊莎仍然遵循之前的规则，当查理对她吼叫的时候她很可能会吼回去）。但由于查理能立马闭上自己的嘴巴不再吼叫，因此避免了更激烈的争吵。不过，这个策略并不能避免所有的争吵，示例如下：

阿伊莎：000001111100000001111111011
查　理：000000000010000001111111111

阿伊莎和查理都在大吼大叫，争吵很难停下来。但总的来说，在新的模拟争吵中，当阿伊莎吼叫时，查理尽量做到不吼回去，因此争吵程度要弱得多。

归根结底，我们唯一能真正改变的人就是我们自己。但如果你改变了自己应对他人的方式，也就是说，你改变了自己的互动规则，那么你也会改变互动的结果。查理吼叫得少了，阿伊莎也就吼叫得少了，这并不是因为阿伊莎改变了互动规则，而是因为查理减少了对她的消极反应。查理做出了改变，使得双方的情况都好起来了。

只要夫妻双方都愿意改变自己的互动规则，就可以通过共同努力，改善长期亲密关系。夫妻关系整合行为疗法（IBCT）是婚姻治疗的一种方式，这种方法就是夫妻专注于改变各自的互动规则。两位IBCT的先驱——安德鲁·克里斯滕森和布赖恩·多斯，将婚姻关系定义为伴侣之间的互动，并认为这些互动本身是由夫妻双方赋予每种局面的特点决定的。这正是我们在使用概率元胞自动机时的思维方式：关注点从输出（例如关系中的分歧和问题）转移到输入，即控制我们如何互动的那些规则。

IBCT治疗师首先要知道夫妻双方在处理冲突的方式上有什么不同。假设在我们这个例子中，查理性格孤僻，不愿意谈论情感话题，而阿伊莎则需要伴侣的认可和亲近。当查理吼叫时，他通常会气恼地指责阿伊莎要求太高。当阿伊莎发脾气时，她通常会指责查理没有认真听她说话。当阿伊莎抱怨查理不愿意听她说话时，查理却觉得这恰恰证明了阿伊莎喜欢提要求，从而躲她更远，阿伊莎也觉得自己更孤单了。

他们俩都有错，但只要有一个人迈出第一步，就能打破争吵的恶性循环。要么让查理明白阿伊莎提要求是因为她在乎他们的关系，要么让阿伊莎明白对查理吼叫无法达到让他听她说话的目的。只要其中一方率先改变，随着时间的推移，他们俩都会看到夫妻关系的改进，而且很有可能明白他们之前的互动规则才是争吵发生的原因。

为了更好地改进我们的互动规则，我们必须诚实地反思自己的行为。你也许不是一个喜欢大吼大叫的人，但在别人提出解决方案时，你可能会冷嘲热讽，或者做出消极的回应，比如你不理会对方说的话，故意沉默以对。这种态度还有可能体现在你的肢体语言中：你一脸漠不关心的样子，眉毛挑起，或者在对方需要眼神交流的时候不看对方。问题也可能出在你提出观点的方式有些不妥：你不断地变换话题，或者为了让自己的观点听起来很理性而暗示对方过于情绪化。你也可能说了很多不讲理的话，使理性讨论变得不可能。总之，有很多做法可能会让别人认为你难以相处。

改善互动的关键在于识别和讨论潜在的规则。这与"播放录音"的方法截然不同，因为后者只关注具体的结果，最糟糕的是，它还试图把责任推到对方身上。想要更好地与你关心的人沟通，最有效的方法就是双方同时努力。你们应该想办法一起讨论互动规则，开诚布公地指出哪些回应会激怒你，而哪些回应会激怒你的伴侣。

改变你自己的行为会让你和你关心的人同步改进。如果你对自己的互动规则做出些许改变，就有可能给你身边的所有人带来巨大的变化。

自上而下和自下而上

在某种程度上，阿尔弗雷德·洛特卡的宏伟计划失败了。

之所以说他失败了，是因为他没有发现生物热力学第三定律。他在 1922 年出版的书中描述了如何用化学反应来模拟不同现象，但在这本 500 页厚的书中，他自始至终都没有提出一个普适性的见解。洛特卡认为，观察自然选择如何作用于各种化学相互作用，就能得出第三定律。他猜测某些化学相互作用产生的"能量"比其他化学相互作用多，而正是前者得以幸存和繁殖。但他未能给出一个令人信服的定义，指出化学相互作用产生的"能量"是什么。洛特卡的理论缺乏必要的生物学基础，几十年后，当 DNA 的结构被发现时，这些真正构成生物的基本单位（个体基因之间在生物体内展开生存竞争)很难与洛特卡通过化学物质、物种和种群之间的相互作用构建的动力学体系相融合。

　　费希尔在得到认可后感到很痛苦,洛特卡则不一样,他在自认为得到了一点儿认可后表现得很谦虚。他晚上继续研究自己的想法,白天则全身心地投入大都会人寿保险公司的工作。工作期间,他提出了衡量人口变化、估算预期寿命和确定保费的新方法。他引领了精算科学的发展,并于1942年被任命为美国统计学会主席。归根结底,他的同行欣赏的是他的专业精神,而不是所谓的天赋。

　　100年后回过头看,尽管他没有建立统一的"第三定律",但从另一个角度看,洛特卡的思维方式(互动和循环)也是成功的。今天,科学家从各种角度讨论第一类思维和第二类思维。第一类思维有时也被称为自上而下(top-down)的思维。它从一个理论开始,然后看看这个理论能否解释数据:吸烟能解释患癌症吗?预期寿命能解释幸福感吗?第二类思维是自下而上(bottom-up)的。它从观察我们对世界的看法开始(比如,狐狸吃兔子,夫妻有时会争吵,需要两个人才能掀起一场健康热潮,我们会影响彼此的政治观点),根据这些观察归纳出一套规则,最后推导出结果并创建一个理论。这类思维与统计思维不同,我们不会从调查得到的大量数据开始考虑。相反,我们首先要理解系统的本质:它是如何工作的?关键组成部分是什么?它们如何组合在一起?什么时候不能正常工作?然后,我们做出预测,比如捕食者-猎物循环、你来我往的吼叫、留胡须和参加锻炼的引爆点、政治极化等。在做出这些预测之后,我们才会利用现实世界的数据对它们进行测试。

我发现人们对这些思维方式的接受程度各不相同。很多人觉得第一类思维（统计思维首先会测量健康和幸福感指标，或者测量吸烟人群和不吸烟人群中的癌症发病率）在某种程度上更客观，因此效果更好。毫无疑问，没有数据我们就无法理解这个世界，正如年轻的费希尔告诉我们的，衡量世界的方法有好有坏。但我们从老年费希尔那里学到的是，不能盲目地盯着数字看。对于任何问题，在决定应该把哪些数据绘制成图形而哪些数据应该被忽略时，我们都会带有自己的主观性。

这就是我们还需要第二类思维（互动思维）的原因。我们从自己的理解开始，利用逻辑推理向前、向上推动我们的思考。这通常是我解决科学问题和进行自我挑战的首选思维方式。当我觉得基于自己掌握的知识能够理解一个问题时，我就会做出具体的预测，并通过收集和查看数据来测试这些预测。

第一类思维和第二类思维都不会永远正确或永远错误，这两种思维方式我们都需要。

仅此而已吗？我们能否交替使用自下而上和自上而下的方法去解决我们遇到的所有问题呢？或者，即使运用这两种方法不能彻底解决问题，是否也有助于我们取得最佳效果呢？

在一定程度上，答案是肯定的。这些方法很有用，但在我们有把握地使用它们之前，还需要先解决一个难度相当大的问题……

第 3 章

混沌思维

一直都知道下一步该怎么走

玛格丽特不想犯错误。

数学课上，大多数同学（全部是年轻人）都在认真地记忆着黑板上的每一行证明步骤。但课程开始后不久，玛格丽特就认为他们是在浪费时间，因为她注意到弗洛伦丝·朗教授（20 世纪 50 年代下半叶在印第安纳州厄勒姆学院教过她）从不依赖于记忆。教授会根据前面的证明步骤推导出下一步，就像第一次看到这些内容一样，这验证了数学推理必定会得出逻辑结论。

玛格丽特认为，这就是朗教授从不犯错的原因。根据记忆得到的结果肯定是不可靠的。它们不值得信赖，因为各个部分未必能组合到一起，死记硬背的证明步骤并不能相互支持。相比之下，如果每一步从逻辑上看都是另一步的结果，就不可能出现错误。朗教授和孩子们开玩笑说，偷懒（不去记忆证明过程）也有可能永远不会犯错。这就是她喜欢数学的原因：只要知道了基本逻辑，就意味着自己掌握了一切。

朗教授邀请玛格丽特和其他学生到她家吃黄瓜三明治。教授让他们有了宾至如归的感觉，他们很享受在一起聊天和学习的时光。玛格丽特希望自己能成为像朗教授那样的人：热情好客，才华横溢，鼓舞人心，干练准确，永远不会出错。

对于任何事，玛格丽特只要下决心去做，就都能成功。十几岁的时候，她在一个废弃的铜矿找了一份导游的工作。在她的管理下，这家企业从每周只有几个家庭游客发展到夏季日均有1 000名游客。16岁那年，玛格丽特先是组织了一个导游团队，之后开了一家铜首饰店，等到她上大学的时候，她掌管了整个铜矿企业（有100多名暑期员工）。铜矿企业的主人把这家企业交给她负责，他自己则开着收藏款豪车四处闲逛。玛格丽特的薪水并不比其他员工高，她在保证白天上学的情况下（她的成绩在班上名列前茅），晚上还要做服务员和电话接线员。

玛格丽特本想攻读数学博士学位。但1958年她结婚了，并把名字从玛格丽特·希菲尔德改成了玛格丽特·汉密尔顿，她的丈夫随后被哈佛大学法学院录取了。1959年，她搁置（有点儿不情愿）了继续深造的梦想，去波士顿找了一份工作，以支持丈夫的学业和养育他们刚出生的女儿。

上班的第一天，玛格丽特·汉密尔顿又想起了朗教授。她看得出来，她的新老板爱德华·洛伦兹教授和她以前的导师有着同样的热情。洛伦兹也是一位数学家，但他现在在麻省理工学院的计量系工作。他打开办公室的门，兴奋地向她展示了他为之骄傲的宝贝——一台美国利勃拉斯可普 LGP-30 通用计算机。他告诉玛格丽特，这台装置可以进行任何计算。

洛伦兹教授告诉玛格丽特，他认为这台机器可以帮助研究人员预测天气。然而，对她来说，它的意义不止于此。这台机器是她见过的最神奇的装置之一。她以前也见过计算机，但这台设备孕育着一个了不起的理想：无限逻辑计算的可能性。她只需要把带有指令编码的打孔纸塞进这台设备，它就会分毫不差地按照逻辑步骤操作。在玛格丽特看来，这和朗教授的数学证明没什么两样。

现在她可以使用 LGP-30 了，而洛伦兹的研究生都不知道它是如何工作的。洛伦兹在倾囊相授之后把操作手册递给了她，让她自己动手。

她开始了她的学习之旅。白天玛格丽特会编写天气预报程序，晚上她会去参观麻省理工学院的计算机大厅，和那里的"黑客"打成一片。这些人都是男性，不习惯平等地对待女性。对他们来说，"女性只是约会对象"。起初，他们把她视为"男性中的一员"，不管她是否在场，他们都会开性别歧视的玩笑。但玛格丽特明确地表示，他们要接受她，就必须接受她的双重身份：她既是一位程序员，也是一位年轻的母亲。她带着女儿去参加晚上的实验，编码时就让她坐在自己的膝盖上。她向身边的这些男性证明了她既能在工作中做到有逻辑性和条理性，也能在与他人交往时做到真诚和体贴。渐渐地，实验室里的气氛缓和下来。黑客们甚至轮流和她的女儿玩，看她能否通过随机输入破解他们的软件。

第 3 章　混沌思维

他们很快就意识到玛格丽特·汉密尔顿是一名很有天赋的程序员，但只有当所有男性程序员都被送到另一个城镇上高级编程必修课时，她才有机会证明自己。由于家庭责任，她不能自由出行，于是她留在了波士顿。但她很快意识到，这意味着当他们不在的时候，她可以占用更多的计算能力。按照他们的规划，男性程序员上了这门课后，应该就能解决麻省理工学院计算实验室里出现的一些更困难的任务了。但等到两周后这些男性程序员回来时，玛格丽特不仅在她独自留守的这段时间里学到了比他们更多的东西，还完成了原本留给这些学成归来的男性程序员完成的大部分任务！

其他人死记硬背操作手册，而玛格丽特则从解决问题的角度进行思考。就像在学数学时她会先了解如何逐步推理再去完成复杂的证明过程一样，她现在关注的是编程的底层逻辑。这就是她能很快掌握新方法的原因：对玛格丽特·汉密尔顿来说，每一种新技术都是建立在以前的技术基础之上的。而其他人更喜欢炫耀，经常写一些别人看不懂的复杂代码。虽然没有经过认真设计、用钉子钉起来的摇摇欲坠的木桥也能让你过河，但从长远来看它并不稳定。玛格丽特·汉密尔顿采用的方法有所不同。她利用朗教授教给她的严谨的逻辑推理，去解决洛伦兹教授提出的问题。她在训练自己像软件工程师一样编写代码。

助推

约翰认为他的一项重要工作内容就是助推人们回归正轨：在

适当的时候给予适当的鼓励；发出警告，提醒人们注意项目推进的方向；恰到好处地拍拍对方的肩膀；发一封措辞准确的电子邮件；下班后一起安静地喝一杯。约翰已经完善了一套可以处理不同情况的工具。他的老板也注意到了，并让他在公司的项目中承担起越来越多的责任。

贝琪认为约翰的做法具有蛊惑性。她说："你不能把别人当成可以操控的遥控小船。"

但约翰为他的方法背后的原则进行了辩解。他是理性的，他的做法合乎逻辑，而且很多时候都能奏效。

在约翰的心目中，人更像篮球而不是船。他的同事们有点儿过于"弹跳"，但他们都有一个自然的平衡点。约翰认为，当处于平衡点时，他们是高效、平衡的。每当他们"弹跳"到错误的方向上时，他要做的就是让他们回归平衡点。

约翰的想法如图 3-1 所示。他的目标是让篮球回到谷底那个被标记为"目标"的点。为了实现这个目标，他会朝着正确的方向轻推一下球。篮球很容易四处弹跳，所以尽管他的第一次轻推把球推到了正确的方向上，但第二次弹跳又让球越过了目标。图 3-1a 说明了这种情况：第二次弹跳后，球越过了目标。由于目标位于谷底，所以第三次弹跳会让球朝着他希望的方向滚回去，并停在目标点。他的助推让球去了它该去的地方。

每当我们注意到一个篮球被卡在了错误的地方，我们都可以把它捡起来，拍它一下，它最终就很有可能停在谷底。如果它第一次没有到达谷底，而是卡在山坡上一道不规则的缝隙里，那么再助

第 3 章　混沌思维

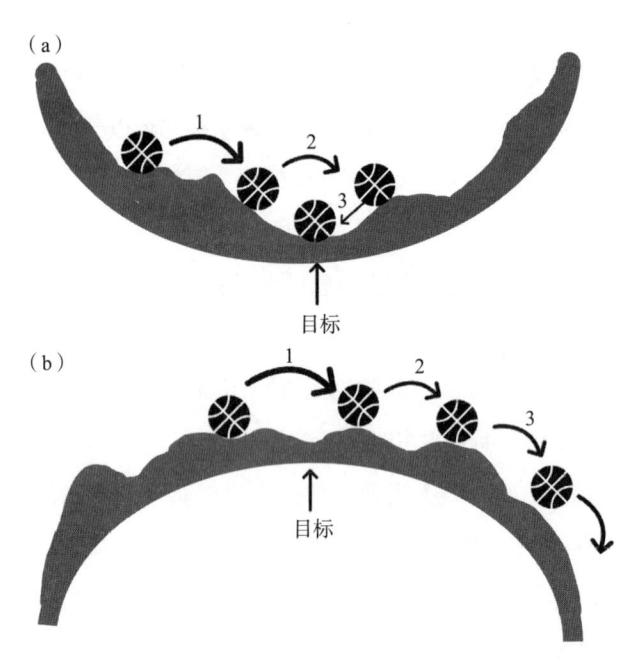

图 3-1 在（a）稳定的地形和（b）不稳定的地形上拍打篮球的结果

推一次应该可以把它送到我们希望它去的地方。

稳定性是地形结构的一种属性，而不是由持续的助推产生的。这就是约翰的策略奏效的原因。他认为他知道同事们想要实现什么；他只需要助推他们一下，就能让他们回到最佳状态。

为了使他的工作环境趋于稳定，约翰运用了互动思维。我们在前文中看到过类似的例子。詹妮弗掀起了一股健身热潮，让她的朋友们从一种稳定的状态（电视迷）转换到另一种稳定的状态（关注健身的朋友）。当阿伊莎和查理争吵时，他们时而平静，时而大吼大叫。通过思考他们是如何回应对方的，他们找到了一种稳定的、没有争吵的互动方式。

我们也看到了第二类思维是如何处理周期性循环的。如果狐狸没有达到稳定的数量，兔子的数量就会减少，这反过来又会导致狐狸的数量减少。这些循环是社会变化的一部分。从受欢迎的犬种到婴儿的名字再到经济的繁荣和萧条，我们从中都能看到它们的影子。

如果我们周围的世界是由稳定的状态和循环组成的，那么我们也许能将它完全置于我们的控制之下。以20世纪50年代的美国社会为例（玛格丽特·汉密尔顿就是在那个环境中长大的）。当时美国中西部深受工程学的影响：郊区房屋整齐划一，家用汽车被批量生产出来，省时省力的厨房设备嗡嗡声不断，洗衣机滚筒发出有节奏的轰隆声，电动留声机里的唱片不停地转动着。

所有这些技术都依赖受到严格控制的规律性：留声机设计师让唱片匀速旋转，汽车制造商减弱路面坑洼造成的震动，无线电制造商放大广播电台的信号。在每一种情况下，20世纪50年代的工程师都致力于掌控世界，使它变得更加可预测和稳定。

正是对20世纪50年代美国社会的这种界定，为拍摄电影《楚门的世界》搭建了舞台。金·凯瑞饰演的楚门·伯巴克以为自己正在享受着"二战"后的幸福家庭生活，却全然不知他其实生活在一档精心制作的电视节目中。在他幻想的故事中，他是一个英雄，他相信他的所作所为给他的家庭提供了稳定和安全的美式生活。

《楚门的世界》所表现的20世纪50年代的美国社会存在一个问题：现实世界不可能让郊区始终保持稳定，也不可能让留声机始终保持周期性旋转。《楚门的世界》的制作公司对楚门·伯巴克一生的虚假叙事也不可能永远进行下去。随着主角不停跳出20世纪50年代世界的限制，他们维持虚假现实的难度进一步加大了，混乱随之而来。

这同样适用于约翰的篮球工作观。不仅仅是贝琪看到了约翰在操纵他身边的人，约翰的同事们也开始注意到（一开始，他们只是有一些模糊的感觉）他在利用这个方法谋取私利，让人们觉得他很不错，或者让每个人都按照他的计划工作。于是，他周围的环境发生了变化，同事们不再听他的了。稳定、合作的山谷变成了不稳定的山顶。球在山顶上的平衡变得非常微妙，任何一次助推都会使它飞向一个不可预测的方向（图3–1b）。约翰失去了掌控力。

我们在探索新思维方式的同时也提出了一个新问题：混乱是如何产生的？我们应该如何应对？

埃尔法罗酒吧

我和奥地利化学家亚历克斯站在酒吧里，这里和英国酒吧一样拥挤的环境让我有了宾至如归的感觉。在这里，没有人会注意到我，我可以站在那里观察，将周围人的一举一动尽收眼底，却丝毫不会觉得尴尬。

"我看见你和埃丝特在一起，"亚历克斯微笑着说，"坐得那么近。她在编程，而你则摆出一副了然于胸的样子。"

"我知道你想做什么，"他接着说，"但你错了。有一种更简单的方法可以让你达成目标。"

我问道："什么方法？"我仍然不太明白亚历克斯在说什么。

"看看你的周围，"他回答，"它就在你面前，在人群中。"

我没有回应他。他的目光投向了正在跳舞的那些人。在安东尼奥的鼓励下，埃丝特、玛德琳和扎米亚跳得很投入，就连鲁珀特和马克斯也在摇摆身体。但我仍然不明白，一个挤满了跳舞学生的酒吧跟我和埃丝特的程序有什么关系。

"你听说过埃尔法罗酒吧问题吗？"亚历克斯问。

我没听说过，但我知道他指的就是眼前这家酒吧。克里斯向我和埃丝特推荐的也是这家酒吧。接着，亚历克斯告诉我，克里斯建议我们来这里是有原因的，因为这家酒吧会给我们上一堂非常重要的关于稳定和混沌的课。

我还是不明白，但还没等我问他，他的手就指向了人群。这时，音乐的节奏加快了，每个人都举起了手。

"这是一家小酒吧，"亚历克斯说，他的声音盖过了音乐声，"舞池大约可以容纳50人。所以，如果周五来酒吧的人少于40人，他们就会玩得很开心。"亚历克斯接着说，假设因为他们很开心，所以第二周他们每人带了一个朋友来，酒吧里的人数就会增加一倍。现在酒吧里有80人，所有人都去跳舞的话，空间就不够了。因此，请考虑如下情况。前50人在舞池里找到了自己的位置，对他们来说这太棒了。这时，余下的人也都走过去，试图抢占其他人已经占据的空间。有30对人想在同一时间同一地点跳舞，于是他们开始争吵。结果就是，到了第三周，这30对人都决定再也不来

第3章 混沌思维　　121

了。而那些在舞池里纵情舞蹈的人则会像以前一样，各自邀请一个朋友下周一起来。现在，亚历克斯提出的第一个问题是：第四周会来多少客人？第五周呢？第六周呢？他的第二个问题是：从长远来看，酒吧预计每周会有多少客人？

吵闹声和啤酒对我的思考多少有些影响，但很明显，如果这周有 12 位客人，下周就会有 24 位客人。但是，一旦超过 50 人，问题就有点儿棘手了。于是，我开始思考，如果像亚历克斯举的例子一样，来了 80 人，会有什么结果。在最初占据舞池的 50 人中，有 30 人会与后来者发生争吵。因此，只有 20（50 – 30）人可以玩得尽兴。到了第四周，他们每人会带一个朋友来，所以酒吧会有 40 位客人。

我向亚历克斯解释了我的推理过程。

"没错。"亚历克斯回答道。计算下一周人数的方法如下：如果客人少于 50 人，下一周的人数就会翻倍。例如，12 的两倍等于 24。如果超过 50 人，"多出来"的引发争吵的人数就等于酒吧客人总数减去先到的 50 人。在亚历克斯举的例子中，一共有 80 人，多出来 80 – 50 = 30 人。然后，我们用先进入舞池的 50 人减去多出来的人数，即 50 – 30 = 20 人。这可以简化为 50 – (80 – 50) = 100 – 80。因此，先用 100（最大可能客人数量）减去客人数量，再乘 2，就可以得到下一周的客人数量。在这个例子中，100 – 80 = 20 人，再乘 2，得出下一周有 40 位客人。

接下来，我开始思考亚历克斯的第二个问题：从长远来看，有多少人会光顾这家酒吧？

"我预估来酒吧的客人会稳定在50人。"我说。

这似乎是显而易见的。当客人少于50人时，人数会增加；而超过50人时，人数则会减少。这有点儿像供求关系，即被鲁珀特嘲笑为不值一提的问题：市场会在酒吧客人和舞池容纳能力之间实现平衡。我把这些说给亚历克斯听，但他只是笑了笑。

我中了他的圈套。

亚历克斯说，想想有49人来到酒吧的情况吧。他们在这里度过了一个美妙的夜晚，于是第二周每个人都带了一个朋友来。现在酒吧里有98人。最终，除了2个人之外，其他所有人都在舞池里争夺空间。所以，第三周就只有4位客人了！这是一个极端的例子，客人数量从98人变为4人，但无论一开始来多少客人，最终客人数量都会出现几乎同样大的波动。

"看出来了吧？"他说，"问题是你永远无法实现平衡。酒吧客人的数量会一直变化不定。"

"啊哈！"我说，我觉得我明白了，"这和捕食者–猎物模型很相似，对吗？客人的数量在50人左右波动。"

亚历克斯的笑容更灿烂了。"不，你又错了。"他接着说，"这比那有趣多了。"他告诉我，这是混沌的起始点。无论我们多么努力，都永远无法预测几个月后酒吧客人的数量，因为只要我们在计算来酒吧的人数时犯一个小错误，我们对未来的预测就会出现较大的偏差。

亚历克斯指着鲁珀特对我说："像我们那位朋友这样的经济学家根本不懂，原因就在这里。"他又说道："到目前为止，帕克的课

第3章 混沌思维 123

只讨论了其中很小一部分，也是出于这个原因。计算只能让我们朝着真相迈出一小步，就像你和玛德琳研究蚂蚁时所做的那样。有时生命的化学反应会导致稳定的状态或周期性循环，但有时它们也会告诉我们一些截然不同的东西。它们会告诉我们，生活是无法控制的；它们会告诉我们，我们无法预知未来；它们会告诉我们，我们不能为自己的行为负责，因为我们不知道结果是什么。"他告诉我，克里斯向我们提出的混沌问题仅仅是个开始。

"咱们也别三句不离本行了。"他喝完了酒，然后说道，"刚才，我的不可预测的混沌逻辑告诉我，如果我们不结识当地人，就永远学不到什么东西……"

说完，他搂着我的肩膀，带着我朝坐在酒吧另一边的两个女人走去。他笑容灿烂地和她们打招呼，并自我介绍说："你们好。我是亚历克斯，来自维也纳。这是我的朋友戴维，来自英国曼彻斯特。我们都是外地人，事实上，我们来自欧洲两个最好的城市，我们很想知道……你们介意我们加入你们吗？……我们正在做一些研究……你们经常来这里吗？……我们想知道这里是否总像今晚这样混乱？"

混乱的巧克力蛋糕

在亚历克斯的酒吧问题中，埃尔法罗的客人数量具有自我调控的特点。如果客人数量少于50人，它就会增加（通过酒吧客人的积极反馈）；如果客人数量多于50人，它则会减少（它会自我调控）。就调节或控制系统的基本理念而言，这与约翰把同事视为篮球的做法有相似之处：每次助推都会把篮球推向中间。在约翰的例子中，这些小小的推动会带来稳定性。亚历克斯声称（但在酒吧他没有进行严格的证明），酒吧客人数量上下波动的调控机制产生的结果不是稳定，而是混沌。我们现在要探讨的就是这个说法。

在此之前，我们先看另一个调控的例子——追踪爱吃蛋糕的理查德几个月的生活。理查德从将近30岁开始，每年都会增重几千克。他知道自己吃了太多的甜食，也意识到这已经开始影响他的健康了，但他似乎无法控制这个局面。

情况大致是这样的。理查德决定给自己吃蛋糕和甜点设定一个合理的限制：一周吃1次，也就是一个月吃4次。他如此坚持了一段时间，但有一周有同事带了一个蛋糕来上班，还有一次在朋友家的聚会上，有一些令他无法抗拒的甜点。在他打破规则之后，他开始更频繁地屈从于诱惑，例如在上班路上买一块巧克力，或者在周二晚上请孩子们（和他自己）吃一块白巧克力芝士蛋糕。很快，他每天都会放纵自己吃一次甜食，不久之后，又变成了一天吃两次。6个月后，他意识到自己每天都要吃两三次甜食：早上喝咖啡时吃一个面包，下午吃一块蛋糕或饼干，晚上又和家人一起吃一大块甜点。

他越发放纵自己，根本停不下来……直到有一天，他早上起床后觉得自己水肿得很厉害。称过体重后，他意识到自己必须改变目前的生活方式了。他决定每个月只在特殊场合吃一次蛋糕，比如家庭生日聚会。他下定决心，要把每个月吃甜食近百次减少到只吃一次。

第3章　混沌思维　125

过了一段时间，他感觉自己状态好多了……然后，他觉得每两周吃一点儿蛋糕也没什么坏处。不久之后，掌握了一些经验的他心想，也许一周吃一次甜食是个好主意，就像他以前那样。这应该不成问题吧？

我们知道做有些事情应该适度，比如吃巧克力蛋糕、喝威士忌酒。但当我们做这些事情的时候，我们享受其中，根本停不下来。这就是正反馈：不是说它对你有好处，而是说你越做越想做。从每月放纵一次开始，翻一倍后变成每月放纵两次，再从每月两次变成每月 4 次。某一天早上醒来，你发现了一个可怕的事实：你上瘾了！与正反馈相对的是调控反馈（regulatory feedback）。当你突然决定限制消费时，就会出现这种情况。

为了帮助理查德（和我们自己），我们需要看看埃尔法罗酒吧问题和理查德吃蛋糕问题背后的数学法则。

首先，在 0 到 99 之间选一个数。

如果这个数小于 50，就将其翻倍。如果它大于 50，那么先用 100 减去这个数，再翻倍。例如，如果你选的数是 45，你计算得到的数就是 90。如果你选的数是 80，通过计算你就会得到 2 × (100 − 80) = 40。这和亚历克斯在酒吧描述的步骤是一样的。

现在我们来看看，如果选择两个距离很近的数，然后应用该规则，会得到什么结果。从 13 开始，我们会得到如下序列：

13, 26, 52, 96, 8, 16, 32, 64

从 14 开始，我们会得到如下序列：

14, 28, 56, 88, 24, 48, 96, 8

这两个序列最后的数字相差很大。从 13 开始，最终我们得到的数是 64。从 14 开始，最终我们得到的数是 8。这是初始状态具有敏感性的一种表现：你一开始选择的数对于预测未来的动态至关重要。两个序列一开始的差值是 1，仅仅 7 步之后差值就变成了 64 − 8 = 56。

这种微小的初始差异就是数学家所说的混沌的标志。严格地说，我们不能说上面的序列是混乱的，因为它们最终都会重复相同的序列（8, 16, 32, 64, 72, 56, 88, 24, 48, 96, 8, 16…），但我们应用的规则是混沌的。要了解原因，我们可以看看图 3–2，图中显示了从小数 14.1（实线）和 14.2（虚线）开始得到的序列。一开始，两个序列之间的差别很小：位于实线顶部的虚线是看不见的。但到了第 9 步，它们就有了明显的差别：实线的值是 19.2，虚线的值是 70.4。接下来，这两条线再次同步了一小段时间，然后从第 14 步开始，它们又分道扬镳了。

结果的不可预测性不是由任何外部的随机差异引起的。相反，非常小的初始差值（在本例中为 0.1）会迅速变大，在第 20 步之后，当前值和初始值之间基本上没有任何关系了。如果我选择 14.01 和 14.02 作为初始值，那么大约在第 20 步之后，它们的值就截然不同了。如果我选择的是 14.001 和 14.002，那么大约在第 25 步以后差异才会变得明显。

现在，假设用以 13 开头的数字序列描述理查德的蛋糕消费量。

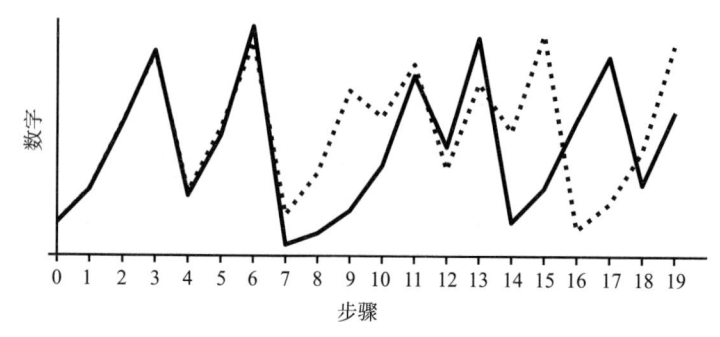

图 3-2 根据上文描述的规则生成的两个数字序列。一个序列（实线）从 14.1 开始，另一个（虚线）从 14.2 开始，它们很快就分道扬镳了

在上文的故事中，理查德每个月的蛋糕消费量翻了一倍，从 13 块增加到 26 块，又从 26 块增加到 52 块。当他发现他每个月吃了 50 多块蛋糕时，他做了一个小小的调整：不再让他的蛋糕消费量翻倍，而是从每个月吃 52 块蛋糕（大约每天 2 块）改为下个月吃 96 块蛋糕。但后来，他明白了一个事实：他必须减少蛋糕消费量。于是，他又回到了每个月吃 8 块（每周 2 块）蛋糕的水平。请注意，他节制的程度取决于他的蛋糕消费量有多么过分。在达到 52 块的水平后，他的蛋糕消费量不再翻倍，但直到增加到每个月 96 块，他的蛋糕消费量才真正开始下降。

现在，我们把序列的开始值换成另一个数字：他在 1 月份吃了 14 块蛋糕，而不是 13 块。除此以外，他遵循同样的规则，蛋糕消费量先增长，然后在他感到增长量失控后开始大力调控。在第一种情况下，他在 8 月份吃了 64 块蛋糕（过了 7 个月，或者是数字序列过了 7 步）。而在第二种情况下，他在 8 月份只吃了 8 块。由此可见，如果 1 月份他在聚会上多吃了 1 块巧克力蛋糕，到了 8 月份就会产生截然不同的结果。

理查德觉得自己似乎在遵循一个合乎逻辑的步骤。他知道他在纵容自己，但一旦情况变得严重，他就会下定决心开始节食。在他看来，这没什么好奇怪的。但对他的朋友来说，他的行为完全是随机的。某一年夏天，他每天下午都会带他们去喝咖啡；而到了第二年夏天，他连一小勺冰激凌都不愿意碰。他陷入了蛋糕消费量的混沌状态中。

亚历克斯的酒吧问题、理查德的蛋糕消费量和那个数字序列之间有三个共同的关键元素：正反馈、调控反馈（负反馈）和小扰动。酒吧问题中的正反馈是由酒吧的口碑引起的。当这周酒吧的客人太多而下一周客人数量变少时，调控反馈就会出现。小扰动是由酒吧客人初始数量的微小差异引起的。对爱吃蛋糕的理查德来说，正反馈是指吃蛋糕带给他的愉悦感，这导致他吃得更多。调控反馈是指当蛋糕消费量过高时他会大幅降低消费量。小扰动是指他在 1 月份吃还是不吃那块巧克力蛋糕。对于那个数字序列，正反馈是指加倍，调控反馈是指当数字超过 100 时的向下调整，小扰动是指 1、0.1 或 0.001 的差值。

虽然理查德的蛋糕消费量并不一定真的遵循根据那个数字规则得到的精确的数字序列（亚历克斯关注的酒吧里的人数也不一定遵循他描述的规则），但先消费然后严格地自我调控的方式具有三个相同的要素：正反馈、调控反馈（负反馈）和小扰动。实际上，我们在图 3–2 中看到的混沌并不严格依赖于这些规则。数学家已经发现，很多让小数加倍、大数变小的规则都具有初始状态敏感性。

只要正反馈之后施加严厉的调控，就会导致混沌。

具有讽刺意味的是，正是我们的自我调控造成了混沌。我们都会陷入这样的陷阱：决定一周不登录社交媒体；决定戒酒一个月；决定出去跑步，并立即以最快的速度绕着公园跑。所有这些极端的反应都属于自我调控，但恰恰是这类调控制造了混沌。

在认识到调控会造成混沌后，我们可以通过其他方法让事情回归稳定状态。在考虑过度放纵的问题时，我们往往会把注意力集中在正反馈上：一次放纵会导致下一次放纵，如此接二连三。但这是最难调控的，因为这是在与我们失去控制和食髓知味的内在倾向做斗争。

更好的办法是先寻求稳定，再慢慢减少我们希望避免的行为。以理查德为例，在他目前的混沌规则的作用下，他每月平均吃50块蛋糕。如果他能慢慢减少蛋糕消费量，比如每天吃1块（每月吃30块），效果就会好于他当前的做法，而且这是一个更容易保持的习惯。允许自己每天放纵一次是可控的。每天早上，理查德都会做出在当天的哪个时间吃下这份甜食的决定：上班路上，下午茶时间，晚上和家人在一起的时候，甚至是在大家都上床睡觉后。但他也会确保自己每天只吃一块，这是事先决定好的。循序渐进、精心策划的改变会取得成功，而激烈的措施则会失败。

认识到我们的行为模式可能会导致混沌，这并不容易。当我们决定在生活中做出重大改变时，比如清理橱柜里的旧衣服、改变锻炼方式、戒酒、结交新朋友、避开某些人、整理办公桌或制订新的工作计划，我们的目标就是要重新掌控自己的生活。就我们今天的生活状况而言,这些决定似乎是有道理的,但 6 个月后,我们的行为模式会与我们现在的预期完全不同。

程序员的错误

玛格丽特·汉密尔顿认为,最优秀的计算机程序员能提前发现错误。

汉密尔顿直接用二进制编码给纸带打孔,然后输入 LGP–30。对她来说,没有什么比犯错误让人感觉更糟糕的了。她坐在电脑室的地板上,给纸带打上新的孔,并用胶带把打错的孔粘起来。刚开始编程的时候,她总有一种可怕的不确定感,不知道这些修改能否纠正她之前的错误。她一心想着,无论如何都要避免犯错。

有一天凌晨 3 点,玛格丽特和朋友们正在鸡尾酒会上,她突然意识到电脑可能已经完成了计算而处于空闲状态。于是她立刻赶到洛伦兹的办公室,再次启动了计算天气的程序。第二天,洛伦兹来了。看到计算进展后,他意识到玛格丽特一定一大早就来了,并问她为什么。玛格丽特告诉他,她必须这么做,因为她不想浪费哪怕是几分钟的计算时间。

慢慢地,LGP–30 被她驯服了。她只要发出指令,它就会做出反应。这就是当那个发现到来时人们备感惊讶的原因:它使爱德华·洛伦兹一举成名,但也彻底动摇了玛格丽特的信念。

一切都始于玛格丽特编写的一个包含 12 个大气方程的模拟程序。前一天,她和洛伦兹运行了这个程序,还打印了每个变量的值随时间发生的一系列变化。第二天，他们重新运行这个程序，但在他们输入与打印文件上完全相同的初始值后，得到的结果却与前一天截然不同。输入相同，输出不同，他们惊呆了。这怎么可能呢？

起初，汉密尔顿担心她的程序出了错。可她看不出哪个地方会导致这样的错误。她的方法严谨缜密，严格杜绝了错误的发生，这意味着不太可能是她的程序出了问题。但她也知道，任何可能性都不能排除。她一遍又一遍地检查输入机器的纸带，试图找出究竟是哪里出了问题。

后来，他们找到了答案。代码的输入精确到了6位小数，而打印机输出的只有3位小数。他们在第二次模拟中没有输入后三位小数，这对输出产生了巨大的影响。尽管初始条件几乎完全相同，但两个预测结果却截然不同。输入14.956得到的输出与输入14.956 181得到的输出大不相同。

爱德华·洛伦兹后来把这种效应称为海鸥效应：后三位小数就是那只海鸥，它轻轻扇动翅膀，就成功地改变了天气（更准确地说是改变了模拟天气……）。

玛格丽特对模拟天气预报的意义不太感兴趣，她对误差本身的性质更感兴趣。输入的微小差异导致输出出现了巨大的差异。自从上了朗教授的课之后，她就认为计算是合乎逻辑且绝对正确的。这一次，她的模拟程序没有出错，却还是出现了意想不到的差异。

洛伦兹称赞了玛格丽特。他说，他之所以能发现后三位小数的问题及海鸥效应，正是因为他对她的编程技能非常有信心。在这个前提下，输入是导致误差的唯一可能原因。

这对玛格丽特来说是一个小小的安慰。当事情出错时，她浑身上下都很不自在。她知道，今后自己必须更加小心。她为自己的计算机程序制订了宏伟的计划，想要达到更高的精确度。这样的错误，即使不是她自己犯的，也绝对不能再出现了。

蝴蝶效应

1961年，爱德华·洛伦兹把他的注意力从玛格丽特在LGP-30上编写的包含12个方程的模拟程序，转移到一个更小的描述大气对流过程的程序上。这个程序只包含3个方程，目的是以尽可能简单的方式抓住天气系统的本质。

为了理解洛伦兹的模型，我们可以想象一座热带岛屿。岛屿地面吸收太阳辐射后温度升高。于是，岛屿地表的空气上升，而半空中较冷的空气开始下沉。对流循环在岛上产生了微风，温暖的空气从岛屿的一侧上升，被从另一侧吹来的冷空气所取代。

洛伦兹用三个数学变量表现这个过程：X是空气对流的强度，或者说是岛上微风的强度；Y是岛屿东西两侧的温差；Z是岛屿表面和高空之间的温度廓线发生的畸变（如果地面非常温暖，而高空区域非常寒冷，我们就说温度廓线发生了畸变）。注意，风向有时是从东向西（X和Y取正值），有时是从西向东（X和Y取负值）。洛伦兹提出X和Y之间会相互反馈：随着岛屿东面和西面的温差增加，空气对流的强度也会增加，反之亦然。这种反馈导致地面和高空之间的温度畸变加剧，这反过来又会抑制对流，直到风向变为从

第3章 混沌思维

西向东。根据洛伦兹模型，随着时间的推移，风会改变方向，先是从东向西吹，然后是从西向东吹。

就像理查德吃蛋糕的故事和亚历克斯的酒吧问题一样，洛伦兹的模型也是一种简化版，我用热带岛屿上的天气来解释它也不乏夸张的成分。但表现X、Y和Z变化的洛伦兹方程，确实能表现出更全面的天气预报模型中的多种相互作用。

玛格丽特·汉密尔顿并没有为洛伦兹简化模型编写模拟程序，在洛伦兹完成模型构思之前，她已经踏上了另一场冒险之旅（我们很快就会跟随她的脚步）。但在她离开之前，玛格丽特找到了接替她的人——艾伦·费特。费特也学过数学，最近才来到波士顿。她和玛格丽特一样非常关注细节，她还想出了更清晰地传递模型输出的方法。

那就是让LGP-30计算机在纸上绘制洛伦兹模型（变量随时间的变化）的输出。她绘制的图与我们在前文中看到的捕食者-猎物模型和传染病模型的相平面图（图中的线条代表物种或感染者的数量变化轨迹）非常相似，但她绘制了三个变量（X、Y和Z）随时间发生的变化，而不是两个，如图3-3所示。为了理解这幅图，我们可以想象这三个变量都在一个立方体内移动。变量Z是立方体的高，而变量X和Y是立方体底部的两个轴。

轨迹一圈又一圈地持续不断，但从不重复，从某种意义上说，我们永远无法得到两组完全相同的X、Y和Z的值。相反，随着岛上的天气在三维空间中起伏不定，它会形成一个类似蝴蝶翅膀的形状。这与我们之前看到的捕食者-猎物模型的动态类型大不相同。

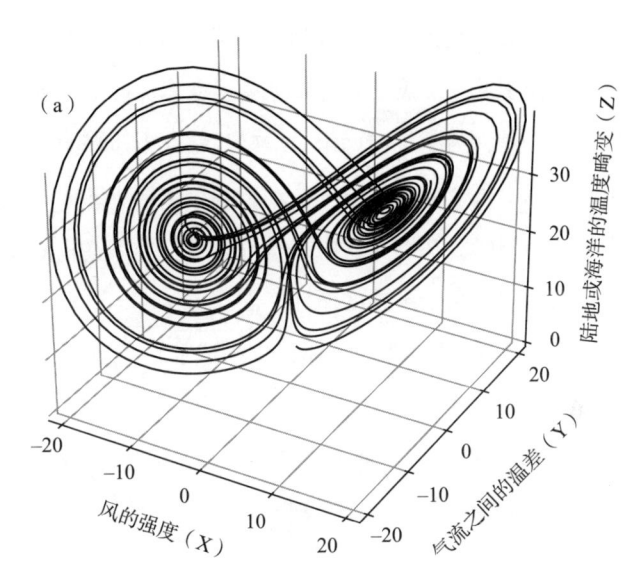

图 3-3　蝴蝶状的混沌。图中的线条表现了 3 个变量随时间发生的变化

它既不会稳定地停留在一个点上，也不会周期性地重复形成相同的图案。风先从东向西吹，然后从西向东吹。有时吹暖风，有时吹冷风。即使只预测未来几个小时的天气，也是不可能的，因为轨迹是混乱的。

虽然混沌的概念已经成为这只蝴蝶的代名词，但费特为洛伦兹在 1963 年发表的文章绘制的图形看起来像一只蝴蝶，这其实只是一个美丽的巧合。正如我们在前一章中看到的，洛伦兹最初是用海鸥拍打翅膀来比喻费特绘制的混沌动态。1972 年，因为洛伦兹没有为自己的演讲起标题，所以组织者用一个问题作为标题：一只蝴蝶在巴西扇动翅膀，会不会在得克萨斯州引发龙卷风？

这个标题的确耐人寻味，但也给出了一个关于混沌的具有误导性的观点。它并不是说在亚马孙河流域某个地方的一只蝴蝶扇动一下翅膀，就能引起一场席卷得克萨斯州的龙卷风。描述蝴蝶效应的更准确的说法是：为了提前两个月准确预知北大西洋的风暴，我们需要了解地球上每个地方的空气扰动影响，包括亚马孙河流域的蝴蝶是否扇动了翅膀。在图 3-3 中，轨迹只要发生一点儿偏移，就会把我们带入另一个完全不同的循环。

让未来变得不确定的既不是那只蝴蝶或那块巧克力，也不是酒吧里的那个醉酒的狂欢者。生活无法预测，是因为我们无法了解每一只可能出现的蝴蝶、每一块蛋糕，以及酒吧里的每一个陌生人。

夜空（一）

我们静静地坐着，凝视着天上的星星。我不知道这里的夜空与我已经习惯的英国夜空有多大的不同。我当然不知道新墨西哥州的星星会如此明亮。相比之下，曼彻斯特的夜空在阴暗的云层和昏暗的街灯下显得黯淡无光，阴雨连绵的寒冷天气导致不太可能有人像我们现在这样坐在那里仰望夜空。

"你知道，它们的排列井然有序、非常完美。"和我一起坐在星空下的莉莉-罗斯对我说，"但这不是你和你的朋友亚历克斯感兴趣的那种完美——科学的完美。这是一种能让我们看到自我的完美，因为我们都是完美无缺的，也是独一无二的。我读到宇宙中有100 亿个星系，每个星系有 1 000 亿颗恒星。然后我想到了地球上很快就会有 100 亿人，每个人的大脑中都有 1 000 亿个神经元。每颗闪烁的星星都是一个神经元，它正在放电，试图与另一个神经元相连。在某人大脑的某个地方，这种连接正在形成。"

直到弄明白了大脑和星系、神经元和恒星之间的这种关联，莉莉-罗斯才意识到占星术的力量。它不是指你在报纸专栏上读到的那些占星术，而是真正的"占星术"——那些一代一代传承下来的知识。她告诉我，我们的祖先仰望天空，就能读取神经元的放电过程。黑暗中隐藏着他们的思想，通过星星的闪烁显现出来。但现在我们用技术之光污染了天空，用科学的怀疑蒙蔽了大脑，我们再也看不清这些模式了。不过莉莉-罗斯告诉我，来到这里后，她可以看见我们头脑中闪烁着同样的光。

我、亚历克斯在莉莉-罗斯和她的朋友玛丽亚（我们之前在埃尔法罗酒吧见过她）的带领下，来到这个位于山脚下的地方。这里离圣达菲很近。莉莉-罗斯开着车，我默默地坐在她旁边，亚历克斯和玛丽亚紧挨着坐在后排座位上。我尽量不去理会从后座传来的笑声和窃窃私语。到达目的地后，我和莉莉-罗斯先下了车，刚建立亲密关系的那对情侣则留在车里。我们俩走了一小段路，来到我们现在坐着的这块"风水宝地"。

直到这时，她才开始说话，和我谈起了星星。

我喜欢她头脑中的意象，但我告诉她，从科学的角度看，这似乎不太可能。

她回答说，她去年听了圣达菲研究所的一次公开课。如果她没记错，演讲者展示了元胞自动机。他谈到万物都是相互联系的，元胞自动机中某个地方的微小变化会导致其他地方发生很大的变化。他说，宇宙也是如此，这里的星光闪烁源于宇宙另一边星系发生的变化。在她的理解中，元胞自动机可以模拟我们的大脑、星星和其他一切事物，就像它们是一组相互连接的灯泡。一个灯泡会让另一个灯泡亮起或熄灭。大脑中神经元的放电和天空中星星的闪烁都会产生不可预测的影响。

她说，这就是我们现在所看到的，我们的思想在天空中闪烁。每个人都有他自己的星星，这颗星星能表现出他在想什么。我们能看到我们的思想处于混沌状态。这就是为什么占星术是正确的，她重复道。

"如果我说这是写在星星上的，"她对我说道，"像你和亚历克斯这样的科学家就会从字面意思上去理解这句话。但那不是重点。关键在于，我们要带着一种特殊的感觉去读星，带着一种特殊的感觉去阅读我们的思想，带着一种特殊的感觉去阅读未来。"

我想告诉她，这可能不是那位演讲者想要表达的意思。我知道，虽然克里斯（我觉得那位演讲者很可能是克里斯）也许会说宇宙和我们的思想就像闪烁的灯泡一样，都可以用 0 和 1 来建模，但他并不认为脑细胞和星星之间存在着因果关系。

就在我考虑如何向莉莉–罗斯解释这件事时，她接着说道："我知道我说的话不应该从字面意思上去理解，但我的生活一片混沌——我身边的人失去了控制。而这样想对我是有帮助的。"她解释说，这就是为什么她喜欢听那位科学家的课，因为他说出了同样的东西：我们有可能认为一件事会导致另一件事，在某种程度上确实如此，但如果我们不再关注日常生活，转而关注闪烁的灯泡，就会发现所有模式都是随机性的。

她说："然而，我们中的大多数人从来没有到山上去审视自己的心灵。"

只有来到这里，她才会想起自己不需要控制一切。其他人就像旋转的星系，不管她做了什么，他们都会继续沿着自己的轨道运行。这让一切都变得简单了一些。

夜空（二）

对玛格丽特·汉密尔顿来说，夜空只说明了一件事：完全控制的必要性。除此之外，它不可能有其他任何含义。它是真空，是空无一物的空间，只受万有引力定律的支配。这次任务的成功完全取决于她和她的NASA（美国国家航空航天局）同事共同确定的火箭弹道。他们的工作是确保登月任务取得成功，让阿波罗11号穿越那片广袤的虚空，将宇航员送上月球，再安全返回地球。即使是一个微小的错误，也绝不容许出现。

玛格丽特通过天气预报模拟程序掌握了混沌的特点，所以她知道即使出现一个微小的错误，比如后三位小数出错，也可能会导致任务失败。这一教训在她离开洛伦兹的实验室和那台LGP–30计算机后变得更加深刻了。她在美国国土安全部找到了一份新工作，负责编写探测敌军飞机的软件。她把她的新系统命名为"海岸"，因为如果那台大型计算机在运行她的这套软件时没有出错，就会发出动听而有规律的声音。如果她编写的软件有错误，平缓拍打沙滩的海浪声就会被无法预测的狂风暴雨声取代。最糟糕的结果可能是电脑死机，这会导致机器发出警笛和雾笛声，向所有人宣告她犯了一个错误。

玛格丽特从她先前犯的错误中吸取了教训。当错误出现时，她会寻找新的方法来给错误分类，然后记录在案。她会让同事们站在有问题的代码旁边并摆好姿势，然后用拍立得相机拍下照片。她认为，让更多人见证她的错误会更有效。

这就是为什么她认为自己是为NASA编写第一个"载人级软件"（可以安全地将宇航员送上月球的代码）的最佳人选。她听过肯尼迪说的那句话："我们决定在这10年间登上月球并实现更多梦想，这并非因为它们轻而易举，而正是因为它们困难重重。"她明白这将是一项多么困难且不容许有任何差错的工作。

1963年，玛格丽特申请了NASA的两个团队的计算机程序员职位，这两个团队在面试几小时后都接受了她的申请。具有讽刺意味的是，她把决定权交给了运气，通过掷硬币来决定她要加入哪个团队。最终这个决定变得并不重要，因为很快NASA的每个人都明白了，汉密尔顿应该全面参与登月任务。在她到来之前，NASA内部（以及整个计算机编程领域）一直有一种重视复杂代码的传统。玛格丽特温和而坚定地指出，涉及的方程越多，出现错误的可能性就越大。而她更推崇简单、可重复和易懂的代码。她创造了"软件工程"这个词，因为她认为他们所做的工作与建造火箭或组装登月舱一样重要（甚至更重要）。她认为，为了让登月任务尽可能地远离失败，他们设计的软件必须像飞船本身一样，呈现出优美的流线型。

玛格丽特所用方法的关键要追溯到她上大学期间朗教授讲授的那些课。朗教授教导玛格丽特，通过逻辑推理从一个步骤推导出下一个步骤，这种证明方法比死记硬背要可靠得多。它同样适用于计算机软件。阿波罗 11 号上的计算机担负着许多重要的功能，包括估算飞船的位置和速度，协助下达转向命令，控制飞船部件的温度，帮助宇航员测量行星之间的角度。登月任务面临的情况不同，这些功能的优先级也会有所变化。例如，转向功能一开始优先于位置估算，但如果飞船移动了很长距离，却没有做任何测量，它的位置就会变得不确定。此时，重新估算位置的优先级就会提高。玛格丽特的任务是开发一种系统，使飞船上每次只能进行一项计算的计算机能够首先处理优先级最高的任务。

玛格丽特没有编写一堆"如果……那么……"之类的程序来处理每一种潜在的可能性，而是先记录了由计算机控制的飞船各个部件的功能（作用），以及这些功能的优先级排序。然后，她和同事们建立了一个软件系统，在输入功能和优先级列表后，该系统会自动做出正确的响应。在 100% 确定整个系统是安全可靠的之后，他们知道，如果某个响应出问题了，错误就出在对功能及其优先级的描述上。排除这些错误比排除隐藏在"如果……那么……"语句中的错误要容易得多，因为它们与飞船的功能及其优先级有关。此外，如果飞船的功能及其优先级发生变化（在项目进行的 8 年间经常发生这种情况），软件更新时就不会有产生新错误的风险。

玛格丽特编写软件的方法是从工程师通过列方程来描述系统不稳定原因的做法借鉴而来的，比如描述悬索桥摆动原因的方程。在了解了导致系统不稳定的原因之后，工程师（在大多数情况下）可以控制系统并让其保持稳定。对玛格丽特和她的团队来说，不确定性有可能来自飞船燃烧室的大功率推力、飞船位置测量中的小误差，以及宇航员或任务控制中心的计算错误。这些都是太空任务中需要识别的蝴蝶，而且要赶在它们制造混沌之前识别出它们。在玛格丽特和她的团队从事软件开发工程的这8年时间里，他们的工作就是为所有可能发生的意外事件制订计划，他们必须赶在混沌出现之前就及早地控制住它们。

玛格丽特·汉密尔顿在阿波罗登月任务的整个过程中都坚守在控制室里，检查显示器，阅读打印输出。她仔细观察着飞船朝月球表面降落的过程，这是一个关键时刻，是人类完成月球行走之前要跨越的最后一个障碍。

就在这时，警报响了，任务控制中心的灯光开始闪烁。宇航员的电脑上出现了一条警告。这是他们在训练中从未见过的警告：一个表明计算机负荷过大的紧急代码。阿姆斯特朗传到指挥中心的声音听起来很紧张："代码是1202……这是什么意思？"

房间里的所有工程师都看向玛格丽特，正是她的软件发出的警报：1202程序中断了宇航员的任务提示，警告他们有紧急情况发生。他们想知道她的软件出了什么问题。

飞船上的阿姆斯特朗和奥尔德林看到任务显示器上出现了一

条信息，告诉他们需要在着陆前以手动方式将交会雷达放回到正确的位置上。他们照做了。接着，显示器询问宇航员是否准备好着陆了。他们决定开始最后的下降。警报器和警示灯都熄灭了。

"那里发生了什么事？"玛格丽特的一个同事紧张地问。

她平静地低下头，看了看打印输出。并不是她的软件出了问题，而是飞船的硬件出了故障！她的计算机代码弥补了硬件错误，并且给阿姆斯特朗和奥尔德林发出了提醒。

当其他人为人类第一次登陆月球而欢呼时，她心里想的是："这也是在为第一个登陆月球的软件欢呼。"

想到那个停留在月球表面，装着没有任何错误的电脑程序的小盒子，她会心地笑了。

几十年后，当巴拉克·奥巴马在白宫给玛格丽特颁发自由勋章时，他这样介绍她："我们的宇航员没有多少时间，但谢天谢地他们有……玛格丽特·汉密尔顿，她是麻省理工学院的一位年轻科学家，也是一位20世纪60年代的职场母亲。"

他提醒观众，在软件工程这个词出现之前，玛格丽特就在从事这项工作了。奥巴马说："我们没有课本可循，所以我们别无选择，只能做先驱者。"

玛格丽特觉得奥巴马说得非常对。她没有课本可循，但她一直被教导在工作中应力求严谨，在错误发生之前就用逻辑推理消除它们。她目睹了计算机模拟程序的第一次混沌，这让她深刻认识到：阿波罗任务的软件工程必须是完美的。她感受到了最深切的恐惧，她担心自己会在必须确定无疑的时候犯错，担心生活失去控制。她背负着这些恐惧和担心完成了这项艰巨而伟大的使命。

完美的婚礼

NASA的玛格丽特·汉密尔顿和圣达菲研究所的莉莉-罗斯为混沌和随机性研究提供了两种截然不同的方法。为了避免混沌，玛格丽特的解决方案是把准备工作做到极致：为了确保宇航员降落到月球表面后的那几分钟的安全，他们花了8年时间制订出翔实的计划。莉莉-罗斯的方法让我们认识到，我们不可能总是将生活置于我们的掌控之下，它让我们学会了接受混沌。

在我们自己的生活中，难点在于知道什么时候该采取哪种方法。

为了达成这种平衡，我们来认识一下婚礼策划师妮娅。事实上，她是英国最受欢迎的婚礼策划师之一。最近她参加了一档电视真人秀节目《我在伦敦的盛大婚礼》，生意也因此蒸蒸日上。

妮娅在大学学习的专业是工程学，毕业后她成了一名投资银行家。3年前，为了充分发挥自己的技术能力，她辞去了这份工作，开始为许多人操持他们生命中最重要的一天。

这档节目拍摄了妮娅和准夫妇们（通常还有负责买单的父母们），从了解婚礼鲜花的细节和婚宴菜单，直至一步一步完成婚礼的完整过程。在新人举行婚礼那天，她早上6点就要赶到现场，一直待到舞会开始。她用对讲机与助手沟通，协调灯光秀、新人发型和化妆等所有事务。她从未出过大纰漏：婚礼蛋糕总是新娘和新郎期望的样子，豪华轿车总会准时到位。当出席婚礼的客人们看到餐厅的布置时，他们总是会不由自主地停下脚步，一边惊叹一边拍照。这是她最喜欢的时刻，也是这完美一天的高潮时刻。

不过，回家后妮娅的感觉就大不相同了。由于她工作繁忙，照顾孩子和做家务的责任主要落在她的丈夫安东尼身上。安东尼对自己扮演的勤劳父亲的角色很满意。此外，就像妮娅热爱她的工作一样，安东尼也热爱他的这份工作。但问题是，他干得并不那么得心应手！他和孩子们相处得很好，总能别出心裁地逗他们开心。他们经常尝试（但不总能坚持到底）一些创造性的活动：今天画画，明天去参加体育比赛或玩棋类游戏。

不仅如此，安东尼还经常和他的朋友们在一起，而这些人的表现可能比孩子们更糟糕。妮娅上周回家时，他们正在着手研究一个关于数据科学的项目，并试图用统计学来理解幸福感。从前门进来后，妮娅发现安东尼、阿伊莎、查理和贝琪都在厨房里，每个人面前都摆着一台笔记本电脑，而孩子们正在客厅里疯狂地上蹿下跳。

所以，回到家的妮娅也无法放松下来。安东尼的确会打扫卫生……但要等到孩子们都上床睡觉，他们的朋友都回家之后。如果她不想回家后看到一片狼藉，她该怎么办呢？

这个问题的答案可以从玛格丽特·汉密尔顿和莉莉-罗斯之间的不同点中找到。和玛格丽特一样，婚礼策划师妮娅也会把那一天完全置于自己的掌控之下：她每个周末都要安排一次"登月"任务。筹办婚礼不允许有任何差错,她需要像玛格丽特那样的精确至小数点后好几位的精度和完美的工程设计:为每一个意外事件制订应对计划,即使是最小的隐患也要提前消除掉。这就是妮娅的工作方式。在那个重要的日子里,一切都要完美无缺,这就必须制订一个能应对所有波折的计划。

然而,妮娅无法控制婚礼的第二天或第三天发生的事情,也无法控制新婚夫妇的婚姻将如何发展。这就是混沌的本质。洛伦兹在1961年就学到了这个教训,他和玛格丽特查看大气方程的模拟结果时发现,即使是微小的错误也会导致不可预测的结果。他意识到,我们只能在很短的时间内控制或预测未来,我们可以小心翼翼地控制飞船着陆,甚至可以(相对)准确地预测下午是否会下雨,但我们无法预测更远的未来。混沌是不可避免的。

婚礼策划师妮娅非常优秀,因为她有短期掌控未来的能力,但她不能长期控制未来。在如何看待自己丈夫这个问题上,妮娅需要采取一种不同的思维方式,她必须接受一个事实:从长远来看没有任何东西是完美的。话虽如此,但安东尼也需要理解妮娅的思维方式:凡事力求稳定和完美。这并不是说一种思维方式是错的,另一种思维方式是对的,而是说它们各有所长。

中国哲学用阴阳来表示这种对立性。混沌是阴,是被动的,意味着随波逐流、前景未知。安东尼就是阴,他任由自己被天马行空的想法和欲望牵着鼻子走。秩序是阳,是积极的,以掌控未来为目标。工作中的妮娅就是阳,每一秒都在她的掌控之下。

妮娅和她的丈夫必须在她的阳和他的阴之间、在她的短期秩序和他的长期混沌之间取得平衡。实际上，这意味着夫妻双方应该谈谈生活的哪些方面是他们想要严格控制的，而哪些方面是他们希望顺其自然的。例如，妮娅说她可以接受孩子们制造的某些混乱。妮娅和她的丈夫都认为，需要给孩子们制订日常生活计划：定时吃饭，培养夜间活动习惯，但也要有自由表达自己的机会。就像妮娅喜欢看到她的婚礼嘉宾在舞池中尽情释放一样，她也能接受她的丈夫允许孩子们在一个安全的环境中自在玩闹。

然而，厨房里的混乱是另一回事。正是在这里，安东尼的阴（混沌）表现得过头了，导致妮娅的阳（秩序）没有了容身之地。她需要家里至少有一个地方可以让她放松，那里没有散落的玩具，没有未完成的艺术项目，也没有数据科学爱好者在敲击键盘，那里是一个他们俩可以一起准备晚餐或一起喝杯酒的地方（在孩子们上床睡觉后）。首先，他们一致认为厨房必须收拾整齐。安东尼保证他会让成人的活动空间保持整洁，晚上会和他的朋友们去外面聚会，给妮娅和孩子们留出时间相处。其次，他们一致认为如果他不能兼顾孩子和家务（这可能很难），就需要花钱雇人帮忙打扫卫生或增加点外卖的频率。

虽然阴阳之间的平衡点在很大程度上取决于相互关系的细节，但混沌理论证明两者缺一不可。从长远来看，即使出错的是小数点后第 4 位，也会完全改变计算结果。秩序和混沌紧密地交织在一起，就像夫妻双方的生活一样。关键是要认识到，试图长期控制会导致调控过度，使局面更加混乱，而忽视短期控制则会导致不安全，甚至破坏秩序。保持平衡并不容易，认识到秩序和混沌缺一不可是一个良好的开端。

这种平衡举措给我们带来了一个新问题。虽然我们通过研究稳定性和周期性系统、追踪玛格丽特·汉密尔顿消除不可预测性的过程，了解了平衡的阳面，但我们还没有看到平衡的阴面。

如果我们允许自己像莉莉-罗斯那样放手，屈从于混沌，会有什么发现呢？

为了找到答案，让我们回到圣达菲。

混乱的细胞

星期日这天，我一直睡到午饭后。但醒来后，我比以往任何时候都更渴望做克里斯布置给我们的练习：在初等元胞自动机模型中找到混沌。从莉莉-罗斯和亚历克斯那里了解了混沌之后，我有了新的灵感。我决定去找埃丝特，和她一起完成这个练习。当我来到公共休息室时，却只找到了安东尼奥和玛德琳。尽管有明显的宿醉表现，但他们还在争论蚂蚁和黄蜂进化的细节。玛德琳说我刚好和埃丝特错过了，她和鲁珀特及其他几个人去圣达菲露天歌剧院了。

于是我独自来到计算机实验室，坐下来开始编程。用随机的方式思考是很困难的。我想起小时候学过的一个魔术，参与者需要"在 1 到 4 中选一个数"，大多数人都会本能地选择"3"。我现在也遇到了同样的问题：我脑子里出现的所有想法都是有规律的和周期性的。也就是说，我在不停地选择"3"。

在尝试一些不同的规则时，我想起埃丝特曾说过，所有的初等元胞自动机都可以写成下面这样一组规则：

111　110　101　100　011　010　001　000
　0　　0　　0　　1　　0　　1　　1　　0

记住，元胞自动机的规律可以改变由 1 和 0 构成的二进制字符串。以下面这个初始字符串为例：

00000001000000

要了解如何应用这组规则，我们先看一下字符串中间的那个 1。它的两个邻位都是 0，所以它们形成的模式是 010。在上面的规则中找到 010，我们看到它给出的值是 1，所以在新字符串中 1 仍然是 1。观察中间那个 1 的左邻位，就会发现它的邻域模式是 001。找到 001 的转换规则后，我们发现 0 应该变成 1。同样，1 右边的邻域模式是 100，所以右邻位的那个 0 也会变成 1。因此，应用这组规则后就会得到：

00000011100000

中间的 1 变成了 3 个 1（注意，根据上述规则，字符串中模式 000 给出的值仍然是 0）。再应用一次这组规则，我们就会得到：

00000100010000

这是因为，如果三位都是 1（模式 111），或者有两个相邻的位

第 3 章　混沌思维　　149

是1（模式110或011），那么根据规则，中间的那个位就会变成0。

我将这组规则写成代码，然后在计算机上运行它们，从一组只包含一个黑色元胞的白色元胞开始。黑色元胞是1，白色元胞是0。我仔细观察这些元胞是如何一行一行填充屏幕的。

我在数学课上学过它产生的形状（图3-4）。这是一种分形，即一种自相似的图案。由元胞自动机创建的大三角形包含3个较小的三角形，每个较小的三角形又包含3个更小的三角形，以此类推。在数学课上老师向我们演示了这种叫作谢尔宾斯基三角形的分形的构建方法：从一个黑色三角形开始，将它的中间涂成白色，再将其余三个黑色三角形的中间涂成白色，以此类推。但在这里，这个形状是用完全不同的方法画出来的。初等元胞自动机基于一组简单的二进制规则，就构建出了谢尔宾斯基三角形。

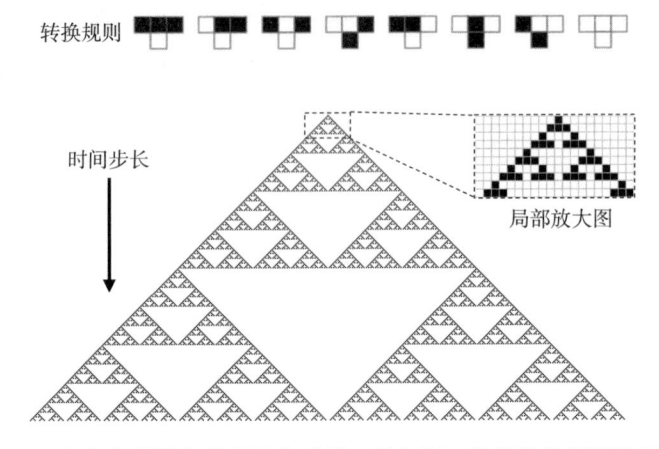

图3-4 产生分形图案的元胞自动机。最上面一排的转换规则显示了第一行的3个相邻元胞如何决定了第二行的转换。元胞自动机随时间的演变从上到下发生变化

150　升维思考的四种方式

我受到这组简单规则产生的对称美的启发，决定尝试不同的规则集。于是，我有了一个发现。我只更改了其中一个规则（011转换为 1 而不是 0），就得到了下面这组规则：

111　110　101　100　011　010　001　000
 0　　0　　0　　1　　1　　1　　1　　0

规则的一个小变化，就会导致输出发生大变化吗？

是的，有可能。我们从一个黑色元胞开始，再次运行这个模拟程序，就会得到一个完全不同的模式。图 3–5 的左侧似乎有些规律，那是一些小的重复出现的图案，即等间距的三角形。这些三角形大小不一，左边的比右边的大。图的右侧则完全不同：毫无规律可言，随机性占主导地位。大的白色三角形、小的白色三

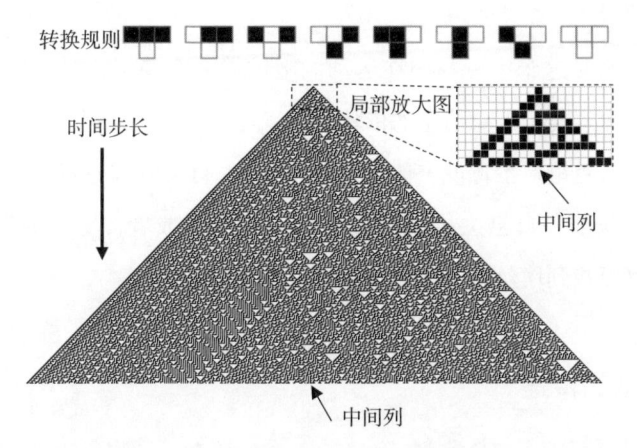

图 3-5　产生随机图案的元胞自动机。最上面一排转换规则显示了第一行的三个相邻元胞如何决定了第二行的转换。元胞自动机随时间的演变从上到下发生变化

第 3 章　混沌思维　　151

角形和线条混杂在一起，没有明显的秩序。这种随机性在图的中间表现得最为极端。白色元胞和黑色元胞的数量差不多，似乎无法预测接下来是什么。

我想，没错，它就是一个由简单、确定的规则产生的随机图案。

周一下午，我在实验室向克里斯展示了它，他看后很感兴趣。

"太棒了，"他说，"你成功了！"

我们看着屏幕，随着模拟程序的运行，屏幕上的图案不断发生变化。

"我怎么知道它确实是随机的呢？"我问，"中间部分似乎是随机性最大的，但我不知道如何测量它。"

克里斯说这个问题问得好，于是我期待他能给出答案。但他并没有做出回答。相反，在我们看着图案又翻过一屏之后，克里斯对我说了一个字："熵"。

又是这个字。我们在运动酒吧的第一个晚上，马克斯用这个字来形容美国人对信息的依赖性。熵与交流有关，但它们是什么关系呢？克里斯不肯说。他走开了，同另一个学生交谈起来。

我准备自己去搞清楚熵到底是什么。或者，更好的做法是，我可以找到埃丝特，让她给我解释一下……

信息的传递

玛格丽特为我们提供了一个阳面，即受控工程的稳定性，但我们仍然需要一个数学上的阴面，即熵的秘密。为了解开这个秘密,我们需要再次回到1948年,去认识一个试图克服腼腆性格的年轻人。

在过去的几个星期里,克劳德一直在思考贝蒂是否会和他约会的问题。她的回答只包含一个位:0(代表"否")或1(代表"是")。他觉得,自己投入了那么多的算力,去预测贝蒂头脑中那些精确定义的二进制结构,最后却无功而返,真是可笑。

克劳德开始思考如何将他的理论发现应用于这个问题。他在新泽西州贝尔电话实验室从事的工作引导他提出了一种通信理论。他建立这一理论主要基于这样一个问题:如何最有效地将字母表中的字母转换成二进制数字1和0,从而使它们能够在通信信道的两点之间有效地发送。电信工程师如何有效地编码两点之间的信息呢?例如,在B点(贝蒂)和C点(克劳德)之间传递的信息。

这个理论告诉他,贝蒂的二进制答案("是"或"否")准确而简洁,是一种高效通信。相比之下,他自己内心对她的可能答案的猜测,效率却低得可笑。

因此,他的理论明确地给出了最佳行动方案,必须用她简洁的回答取代他低效的思考。

于是,克劳德·香农终于开口,问贝蒂·摩尔是否愿意和他共进晚餐。

她的答案是二进制数字1,表示肯定的"是"。

当他们俩坐在餐馆里时,他却发现,这并没有让事情变得更容易。他忘记了在上流社会的人们以互相寒暄的形式所做的进一步交流中，一个位的"是"到底意味着什么。克劳德感受到了讽刺的意味。尽管他发表的论文被贝尔电话实验室的同行认为是通信理论方面最重要的论文，但令人遗憾的是，他缺乏的正是与他人沟通的技能。

克劳德知道他应该谈论餐馆的装饰或食物，甚至是贝蒂的外表，但问题在于他根本不知道该如何谈论这些话题。因为闲聊是对通信带宽的浪费。

但他随即意识到贝蒂也没有对他说一句话。而且，他从她脸上若有所思的表情看出来，她似乎并不在意两人之间缺乏交流。她只是坐在那里，观察着他。

"你为何什么也不说？"克劳德终于问道，他确定他没有别的办法去了解她沉默的原因。

贝蒂说："我读了你写的关于熵、信息和通信的那篇论文。我有几个问题想问你，我正在想怎么样才能把这些问题说清楚。你在论文中几乎把方方面面都说得很明确了，我觉得没有必要重复那些观点。但如果我先概述一下我的理解，可能会有所帮助……"

克劳德没想到会是这样的回答。

贝蒂对克劳德的论文进行了简要的陈述：要理解通信的原理，首先要知道所有信息都可以用二进制数字1和0编码。例如，如果我们想编码字母表中的前4个字母，我们可以说A是00，B是01，C是10，D是11。记住，一个二进制位就是一个1或0，就像0到9这9个数中的任意一个一样。我们也可以用十进制数字编码，例如，用0表示A，用1表示B，用2表示C，以此类推，直到用25

表示Z。但我们选择二进制，因为信息是以两种不同电压的形式沿着电缆发送的，一种电压代表1，另一种电压代表0。

用包含两个位的二进制字符串可以编码4个字母。要编码8个字母，我们需要用包含3个位的字符串（A是000，B是001，C是010，D是011，E是100，F是101，G是110，H是111）。编码16个字母需要用包含4个位的字符串，以此类推。一般来说，每增加一位，我们可以编码的字母数量就增加一倍。（今天，ASCII码使用8个位的字符串，即一个字节，来编码2^8 = 256个字母和字符。）

贝蒂说："现在，假设我们发送的信息只使用了前4个字母，即A、B、C和D，但序列中的每个字母都是随机选择的。"

她身体前倾，在餐巾纸上写下一个序列：

BACDABACDDADBCCB

该序列中的每个字母出现的频率相同，包含4个A、4个B、4个C和4个D。然后，她把这个序列编码成二进制的形式：把A替换成00，把B替换成01，把C替换成10，把D替换成11。这样一来，字母串就变成了下面这个由1和0组成的二进制字符串：

01001011000100101111001101101001
B A C D A B A C D D A D B C C B

包含16个字母的序列需要用包含16×2 = 32个位的字符串来表示。"是这样，没错吧？你在文章中举了一个类似的例子，对吧？"贝蒂抬起头，看着克劳德问道。

第3章 混沌思维 155

他点了点头，等着她继续说下去。

她说："现在我们来看一个类似的例子。假设字母 A 在信息中出现的频率最高，占 1/2，B 占 1/4，而 C 和 D 分别只占 1/8。"说完，她在餐巾纸上写下一个新的序列：

ACAABBABDABAACDA

这个序列包含 8 个 A、4 个 B、2 个 C 和 2 个 D。一种方法是用与上文中相同的方式对其进行编码，将 A 替换成 00，将 B 替换成 01，将 C 替换成 10，将 D 替换成 11，就会得到：

00100000010100011100010000101100

A C A A B B A B D A B A A C D A

同样，总共要用包含 16 × 2 = 32 个位的字符串。

"但你喜欢简洁高效，"她说，"所以你想让字符串短一些。"

这正是克劳德想要解决的问题。上面的编码效率很低，尤其是序列中的 A 导致字符串被填入了许多不必要的 0，上面这个字符串的 32 个位中有 22 个位是 0，只有 10 个位是 1。有没有办法消除多余的 0 呢？

贝蒂说，提高效率的关键是，为出现最频繁的字母找到更短的代码。例如，如果我们用 0 表示 A，用 10 表示 B，用 110 表示 C，用 111 表示 D，二进制编码就是：

01100010100101110100011011110

A C A A B B A B D A B A A C D A

这个代码只包含28个二进制位（14个0和14个1），但仍然携带了原始字母序列中的所有信息。如果我们知道这个二进制代码的操作规则，那么我们肯定能重构这个字母序列。

贝蒂说："你就是这样提出了熵的概念，对吗？"

她说，熵是发送单个字母所需的平均二进制位数。对于第一个字母串，我们总共需要32个二进制位，即每发送一个字母需要2个位（字母串中有16个字母，所以32/16 = 2）。对于第二个字母串，我们只需要28个二进制位，也就是每发送一个字母需要28/16 = 7/4个位。第一条信息的熵大于第二条信息的熵，因为2 > 7/4。

所有字母出现次数相同的信息通常比同一个字母多次重复出现的信息包含的信息量大，因为我们无法为前者找到更短的编码。贝蒂写下的第一个字符串比第二个字符串包含的信息量大。因此，熵可以用来衡量字符串包含的信息量大小。

她靠在椅背上，看着克劳德。

"你已经把这些内容告诉了贝尔电话实验室的所有人，我希望你不介意我再重复一遍。"她笑着说。

他一点儿也不介意。她说得比他还要简明扼要。

这是他收到的最美好的信息。

信息等于随机性

周二下午，我去往圣菲研究所的图书馆，看看能不能了解到更多关于熵的知识。在那里，我找到了克劳德·香农的《通信的数学理论》。这篇论文写于 1948 年,远远领先于时代。它的核心思想是,所有数据源(我们写的文本、数码相机拍摄的图片、数字化音乐文件和数字化电影文件,甚至是我们说话的录音)都可以用同样的方式被看成是 1 和 0 的流。香农在这篇文章中说,熵就是数据源包含的信息量,即将其编写成二进制代码所需的位数。

我把信息理解成二进制代码,但我不理解这和随机性有什么关系。

天色渐晚,图书馆里只剩下几个学生。埃丝特就是其中之一,她坐在房间的另一边,全神贯注地做着她的研究工作。自上周五从实验室出来后我们就没说过话。我最后一次见到她是在上周六晚上的埃尔法罗酒吧,当时我是和亚历克斯、玛丽亚和莉莉-罗斯一起离开的。

过了一会儿,其他人都走了,图书馆里只剩下我们两个人。我走过去,试探性地坐在她的桌子旁。

她似乎不太高兴见到我。

"我很惊讶你会来这里,"她上下打量着我说,"我以为你一到晚上就会和那些当地人一起消失呢,就像上周六一样。你在圣达菲发现了那么多让你分心的东西,竟然还能完成克里斯布置的作业,真是太神奇了。"

她是在拿我开玩笑,但我情不自禁地把上周六晚上发生的事一股脑地说了出来,包括莉莉-罗斯说的那些话——混沌、星星、我们的大脑等。

"哦,亲爱的。你来圣达菲是为了学习和研究,结果却跑去跟一个嬉皮士女孩吸大麻,听她说一些关于生命意义的奇谈怪论。"她说。

"我有点儿困惑。"我承认,"我想知道什么是随机性。我可以看出有时候事情是随机的,失去了控制。但应该如何测量随机性呢?有可能做到吗?"

"现实生活中的随机性还是你的元胞自动机模拟结果的随机性?"埃丝特笑了。

没等我回答,她继续说道:"虽然你的新朋友莉莉-罗斯可能认为混沌意味着我们必须向神秘主义屈服,但这并不完全正确。"

"你疏忽了一点,戴维。"她坐在凳子上转过身来面对我,她的膝盖几乎碰到了我的膝盖,"随机性就是信息。"

"克里斯也是这么说的!"我大声说道。"确切地说,他告诉我应该去了解熵这个概念。这就是我来图书馆的原因,我要查阅香农的作品。"

"你有什么发现吗?"埃丝特问。

我说,我认为熵就是发送一个文本字符串所需的平均二进制位数,但我不明白的是,它与测量元胞自动机的随机性有什么关系。我也看不出来这和莉莉-罗斯所说的我们生活中的随机性有什么关系。随机性和信息之间有什么关系呢?

埃丝特把凳子转了回去,拿出一张纸,写下了两个字母串(和贝蒂在餐巾上写的一样)。一个是:

BACDABACDDADBCCB

另一个是：

ACAABBABDABAACDA

"哪一个更容易预测？"她问。

我想了一会儿，说第二个字母串比第一个字母串更容易预测，因为它包含更多的A。如果我猜测序列的下一个字母是A，那么对于第二个字母串我的正确率为50%，而对于第一个字母串我的正确率仅为25%。

"没错。"埃丝特说。她提醒我，正如贝蒂在她的例子中证明的那样，编码第一个字母串需要32个二进制位，而编码第二个字母串只需要28个二进制位。一般来说，字母串越不可预测，编码它所需的二进制字符串就越长。从这个意义上说，随机性就是信息：随机的字母串需要位数更多的二进制编码，因为它们包含的信息更多。

想要了解原因，我们可以考虑字母串中每个字母的平均编码长度。对于第一个字母串，编码每个字母需要2个二进制位，并且每个字母出现的概率都是1/4。因此，每个字母的平均编码长度是：

$$\frac{1}{4} \times 2 + \frac{1}{4} \times 2 + \frac{1}{4} \times 2 + \frac{1}{4} \times 2 = \frac{8}{4} = 2 \text{ 位}$$

而在第二个例子中，编码A只需要1个二进制位，A出现的概率是50%，编码B需要2个二进制位，B出现的概率是1/4，编码C或D需要3个二进制位，它们出现的概率都是1/8。因此，每个字母的平均编码长度是：

$$\frac{1}{2} \times 1 + \frac{1}{4} \times 2 + \frac{1}{8} \times 3 + \frac{1}{8} \times 3 = \frac{7}{4} \text{位}$$

埃丝特接着说，我们可以把第一个字母串想象成掷四面体色子得到的结果。如果每一面出现的概率都是 1/4（和第一个字母串的情况相同），这枚色子就是完全随机的。加权色子投掷后停在某一面的概率更高，因此它的随机性较小，也更容易预测。第二个字母串就像一枚投掷后更有可能停在某一面的色子。字母串的可预测性越高，包含的信息量就越少。

埃丝特说，熵和信息之间确实有某种关系，不仅在这个例子中如此，在一般情况下也是这样。我们可以考虑一种极端情况。假设一个色子投掷后总是停在同一个面，那么投掷结果不会给我们提供任何新信息，我们事先就知道结果。同样，下面这个字母串不包含任何新信息，是完全可以预测的，因此，它的熵是零。

AAAAAAAAAAAAAAA

"我可以利用熵来回答你的那两个问题：一个是关于元胞自动机模拟结果的问题，另一个是关于在混沌、随机的世界中找到生命意义的问题。"她笑着说。

埃丝特让我写出我的元胞自动机打印输出的中间列（过程见图 3–6）。我用 0 和 1 把这个黑白元胞序列写了下来：

010000110…101

她告诉我，即使生成中间列的过程是确定的（它来自我的元

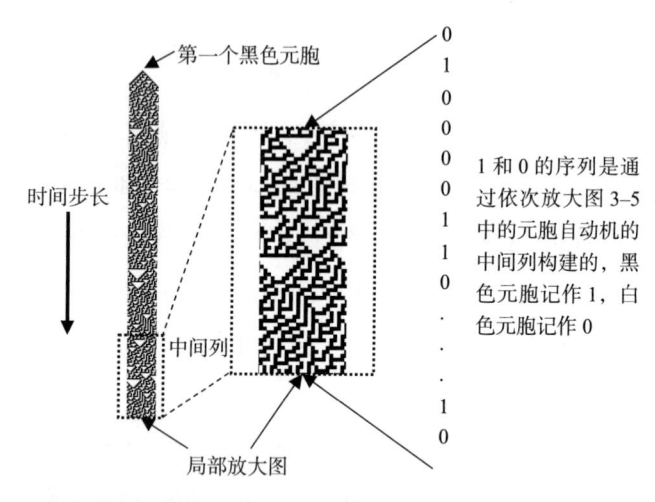

图 3-6 为了从图 3-5 的元胞自动机中找到随机性,我们放大了中间列,即包含第一个黑色元胞的列。它包含一个由 1(黑色)和 0(白色)构成的随机序列

胞自动机),我也无法通过观察序列前面的位来猜测下一个位是 0 还是 1。这意味着这个二进制字符串的熵最大,中间列是完全不可预测的。

虽然我还在听她说,但现在的我已经对元胞自动机失去了兴趣。我耐着性子等待她告诉我更重要的第二个问题的答案:熵是如何帮助我们洞察现实世界的?

讲完元胞自动机后,埃丝特直视着我。她沉默了很长时间,这是一种无声的期待。

"处理我们生活中的混沌和随机性的方法是……"她一边说,一边挪动椅子,离我更近了一些,"……20 个问题的游戏……"

说完这些,没等我问她更多的问题,甚至没等我理解她的意思，埃丝特就把椅子往后一推，站起来说道："今天就到此为止吧，戴维。"

说完，她径直走出了图书馆。

20 个问题

我们来看看能否弄明白埃丝特提到的"20 个问题的游戏"是什么意思。在这个游戏中，我会在心里想一个事物，你通过 20 个"是"或"否"的问题来猜出这个东西是什么。

我们可以先从简单的事物开始，比如基于数字的 20 个问题。我想一个在 1 到 20 之间的数字，你通过一系列"是"或"否"的问题去猜它。我声明这个数字肯定是一个整数，1 和 20 也包括在内。所以，总共有 20 个不同的数字可供选择。那么，你怎样才能尽快找出我心里想的那个数字呢？

如果你愿意，你可以直接猜一个数字："是 15 吗？"但它大概率（准确地说，概率是 19/20）不是我想的那个数字。当我说"不对，我想的不是它"时，你仍然要面对 19 个选择。在最坏的情况下，你需要问完所有 20 个问题才能猜出答案。

更好的策略是提问"大于或小于"的问题。例如，你可以问："它大于 15 吗？"如果我给出肯定的回答，你一下子就可以排除 15 个选项。太棒了。但如果我的答案是否定的，那么你只能排除 5 个选项。假设我选择数字的方式是完全随机的，那么我给出肯定回答并因此将 15 个数字排除的概率是 5/20，因为只有 5 个数会让我

第 3 章 混沌思维   163

给出肯定的回答。而我给出否定回答的概率是 15/20，所以你只能排除 5 个选项。结合这两个结果，我们可以发现你需要提出的问题数量平均会减少：

$$\frac{5}{20} \times 15 + \frac{15}{20} \times 5 = \frac{150}{20} = 7.5 \text{ 个}$$

简言之，"它大于 15 吗？"这个问题平均可以减少 7.5 个问题。

通过考虑提出某个问题平均可以减少的问题数量，你就可以改进你的策略。我们可以这样想：当你问"它大于 x 吗？"的问题时，x 等于多少时平均减少的问题数量最多？

答案是 $x = 10$，平均可以减少的问题数量为：

$$\frac{10}{20} \times 10 + \frac{10}{20} \times 10 = \frac{200}{20} = 10 \text{ 个问题}$$

你不可能做得更好了（欢迎你去尝试），不过，任何能将可能的选项平均分成两组的问题都可以取得这种效果。例如，如果我们问"这个数字是奇数吗？"或"这个数字的最后一位在 3 和 7 之间（包含 3 和 7）吗？"，也能达到同样的效果。"它大于 10 吗？"这个问题的好处是它有一系列后续问题：如果第一个问题得到的是肯定回答，你就可以接着问"它大于 15 吗？"；如果第一个问题得到的是否定答案，你就可以接着问"它大于 5 吗？"。尽快找到正确数字的诀窍在于，每一步都把可能的选项平均分成两组。

在 1 到 20 之间找出一个数字最多需要 5 步。第一步排除 10 个数字，第二步排除 5 个，第三步排除 2 个（或 3 个），第四步或第五步得出答案。图 3-7 中的树形图表现了这个过程。玩"猜数字"游戏的诀窍是,每一步都要把我们对问题的理解分成两种概率相等的情景。

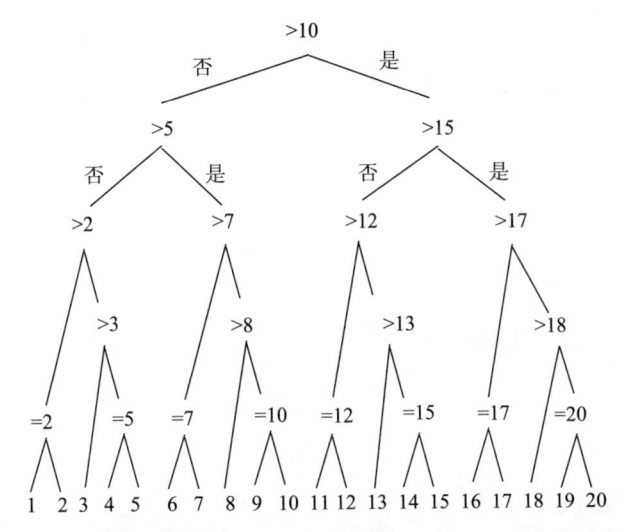

```
                    >10
                 否 ╱   ╲ 是
                  ╱     ╲
                >5       >15
             否╱  ╲是   否╱  ╲是
             >2   >7   >12   >17
             ╱╲  ╱╲   ╱╲    ╱╲
            =2 >3 =5 >7 =8 =10 >12 =12 >13 =15 >17 =17 >18 =20
           /\ /\ /\ /\ /\ /\ /\ /\ /\ /\ /\ /\ /\
           1 2 3 4 5 6 7 8 9 10 11 12 13 14 15 16 17 18 19 20
```

图 3-7　如何通过提出最多 5 个问题猜出 1 到 20 之间的数字

这样做的效果是可以很快地分解问题。例如,如果这个数字在 1 到 40 之间,我们(最多)需要多问一个问题——"它大于 20 吗?",就可以将所有选项平均分成两组,每组 20 个。一般来说,我们可以看到如下模式:猜 1 到 2 之间的数字需要问 1 个问题;猜 1 到 4 之间的数字需要问 2 个问题;猜 1 到 8 之间的数字需要问 3 个问题;猜 1 到 16 之间的数字需要问 4 个问题。这是因为在猜 1 到 16 之间的数字时,只问 4 个问题就可以让我们涵盖 $2 \times 2 \times 2 \times 2 = 16$ 个不同的选项:树上的分支数每次乘 2。继续构建分形树,我们发现问 20 个问题可以让我们涵盖 $2 \times 2 \times 2 \times 2 \times 2 \times 2 \times 2 \times 2 \times$

第 3 章　混沌思维　　165

$2\times2\times2\times2\times2\times2\times2\times2\times2\times2 = 1\,048\,576$ 个选项。

当玩 20 个问题的游戏时，理论上通过精心选择的问题，我们可以从 100 多万个潜在事物中找出答案。玩这个游戏的诀窍是找到只有两种答案的问题，将所有选项平均分成两组。所以，如果你要猜的是一种动物，"它是哺乳动物吗？"就是一个好问题，而"它是鸭嘴兽吗？"则不是。

图 3-7 中的分形树还帮助我们看到了 20 个问题与熵及信息之间的联系。为便于理解这种联系，我们仔细看看猜出一个数字所需提出的问题数量。有 12 个数字需要问 4 个问题，有 8 个数字需要问 5 个问题。这意味着你平均需要问 $(12\times4+8\times5)/20 = 88/20 = 4.4$ 个问题。从上到下跟踪图 3-7 中的问题，我们也可以看到这一点。如果数字是 1、2 或 3，我们需要问 4 个问题。如果它是 4 或 5，就需要问 5 个问题。

现在，我们回想一下香农是怎么找到高效的二进制编码方法的。假设一个字母串中所有字母的出现概率相等，比如：

BACDABACDDADBCCB

贝蒂建议在对其进行二进制编码时，用 11 代表 A，用 10 代表 B，用 01 代表 C，用 00 代表 D。我们可以把字母串编码想象成猜谜游戏。假设克劳德在包含这 4 个字母的字母表中随机选择一个字母。贝蒂问的第一个问题是："它是字母表的前两个字母吗？"如果答案是肯定的，她就记下一个 1。然后问第二个问题："它是字母表中的第一个字母吗？"如果答案是否定的，她就记下一个 0。

她现在得到了一个先是肯定答案然后是否定答案的序列，用二进制表示为10，这就是字母B的编码。以这种方式提问，我们在肯定-否定答案和字母的二进制编码之间建立了匹配关系。

通过查看图3-7中的分形树是向左分支（否）还是向右分支（是），就可以为1到20之间的十进制数字找到类似的编码方法。例如，数字17是"是、是、否、是"，写成二进制字符串就是1101。每个"是"都是一个1，每个"否"都是一个0。同样，数字5是"否、否、是、是、是"，它的二进制编码是00111。所以，我们猜一个数字时需要提出的问题数量跟这个数字的二进制编码的长度是一样的，这是由熵决定的。因此，"猜1到20之间的数字游戏"的熵是4.4（如前文所示）。

在上文的两个例子中，所有4个字母或20个数字出现的概率都相等。但情况不总是如此。例如，在贝蒂的第二个例子中，字母A出现的概率是50%，B出现的概率是1/4，C和D出现的概率都是1/8。假设克劳德又想给贝蒂发送一条信息，每次只发送一个字母，她收到每个字母后只能问答案为"是"或"否"的问题。贝蒂问的第一个问题是："它是A吗？"如果答案是肯定的，只需要问这一个问题就足够了。如果答案是否定的，那么她问的第二个问题是："它是B吗？"如果答案是否定的，她问的第三个问题是："它是C吗？"如果我们将"是"编码为1，将"否"编码为0，字母A的编码就是1（是），B的编码是01（否、是），C的编码是001（否、否、是），D的编码是000（否、否、否）。这种编码方法正是贝蒂在与克劳德共进晚餐时提出的那种，平均而言，我们需要问7/4个问题（熵）才能知道答案。还要注意，创建的编码和我们提出的问题之间存在直接对应关系。某个字母出现的可能性越大，确定它是哪个字母时需要问的问题数量就越少。

在通过 20 个问题猜出一个物体而不是一个数字时，该方法同样适用。我不敢说自己是这方面的专家，但有几个网页列出了一些让"是""否"这两个答案尽可能均等的问题。比如，"它是人造物体吗？""能在亚马逊上买到吗？"（在第一个问题得到肯定回答之后），"它比书大吗？"，效果往往很好。

对于 20 个问题的游戏，策略的意义比游戏本身要深刻得多。在前几章中，我们已经确定熵可以衡量三个东西："确定结果所需提出的问题数量"（正如我们在这里看到的），"编码该结果所需的二进制位数"（香农的信息理论），"该结果的随机性"（正如埃丝特所解释的）。这种关系告诉我们，越是不确定或不可预测的情况，我们在得出结论之前需要问的问题数量就越多。

好的倾听者也一定善于提问

为了使最后一点更具体一些，我们仔细看看应该如何向对方提问。

贝琪的朋友们遇到问题时经常向她求助，他们认为她是一个很好的倾听者，她不会对他们评头论足，而是愿意花时间去理解他们的观点。贝琪喜欢听别人讲述自己的生活，把帮助他人寻找问题的症结视为挑战并主动接受挑战。在某种程度上，她的朋友们是对的。贝琪确实善于倾听，但她的朋友们之所以把她视为知己，还与一个秘密有关。这个秘密她没有告诉任何人，那就是关键不在于她花多少时间去倾听，而在于她问的那些问题。

当一个朋友带着困扰他的问题或事情来找她时，她能想到这个问题有无数种可能的原因。作为好朋友，她要做的就是找出哪些原因能够解释朋友遇到的问题。

举个例子，有一次詹妮弗和她的同事在工作中闹翻了。当詹妮弗向贝琪寻求帮助时，贝琪的一种做法是直奔问题的症结，问詹妮弗一些问题，例如，"你的同事是白痴吗？"，"是因为你又迟到了吗？"，"是因为你头痛吗？"，"是因为你说粗话了吗？"，"是因为你的同事忘记了今天是你的生日吗？"。

但贝琪知道，一开始就问这些问题效果并不好。一般来说，这些问题的答案所能提供的信息很少，就像在猜数字游戏中问"它是 15 吗？"一样。考虑到詹妮弗和同事闹翻有很多可能的原因，再加上贝琪对这些原因都不了解，一开始就随机猜测原因是不会有帮助的。随机猜测的原因不仅不太可能是正确的，而且很可能造成紧张的局面。

贝琪没有冒犯错的风险直接选择某一种可能性，她想找到像"它大于 10 吗？"这样的问题。她问的问题可能非常简单（例如"出了什么问题？"），同时保持中立，不把过错归咎于任何一方。听到詹妮弗的回答后，贝琪对事情的始末有了些许了解。然后她小心翼翼地问道："你的同事对此有何感想？"贝琪想要了解事情的另一面，以便为讨论寻找一个新的中间点。在当时那种情况下，詹妮弗的责任可能比她意识到的更大，因此贝琪试图通过寻找新的中间点来重新定位谈话。根据新的中间点判断，詹妮弗可能需要为这件事负更大的责任。也许现在的问题是同事不接受詹妮弗的道歉？也许除了眼前的问题，还隐藏着更深层的问题？贝琪记得，正如我们之前在查理和阿伊莎身上看到的那样，发生争吵有时是因为互动规则，而不是因为谁先提高了嗓门。这个新信息（相当于"它大于15吗？"）可能会把天平的指针拉回到争吵双方的中间点上。贝琪问的每一个问题，她采取的每一个立场，都是为了寻求新的中间点，同时为詹妮弗提供帮助。在这个过程中，她会逐渐接近问题的解决方案。

贝琪所用方法的关键在于，一个人的问题越不典型，我们需要问的问题数量就越多。我们在贝琪的第二个例子中看到了这一点：出现概率为50%的字母A，只需要问一个问题就能确定。但如果是字母C或D，我们就需要问3个问题。理解那些有意想不到经历的人比理解那些经历易于预测的人需要问的问题更多，需要了解的信息也更多。贝琪在与人交谈时始终牢记一点：一个人的问题越不寻常，就越需要认真倾听。

我在现在任教的大学授课时，通常会有一些学生需要我的额外帮助——他们想到我的办公室找我，更详细地解释他们的个人情况。我有时候会为此恼火，因为我觉得这些学生比其他学生占用了我更多的时间，这是不公平的。

然后，我想到了熵这个概念。大学的教学和我的课程是针对典型学生的。背景非常不同的学生，或者说个人情况明显不寻常的学生，往往也是包含最大信息量的人。我应该仔细倾听他们的故事，因为他们并不普通。一个人越不寻常，我们就越要小心，这样才能正确地理解他。

公平并不意味着我分配给每个学生的时间完全相同，而是意味着要用相同的步骤来评估每种情况，优先解决最常见的困难。处理不寻常的情况时必然要做更多的工作。在帮助朋友时，贝琪把更多的时间花在解决更复杂的问题上。如果我们想要公平地使用信息，就要花更多的时间去帮助那些不同寻常的人。

只增不减的熵

如果你在物理课上遇到过"熵"这个词，你可能听说过熵永远不会减少。也就是说，熵总在增加或保持不变。水瓶里的水分子四处移动，很快我们就无法确定任意分子的位置。如果每个分子都有时间自由运动，那么它出现在瓶子中任何位置的可能性都相同。把燕麦奶倒入咖啡，就能看到这个事实：一开始我们知道燕麦奶倒在哪里，但随着时间的推移，燕麦奶会散开，燕麦奶分子在咖啡中的位置变得越来越难以预测。

在我们生活的方方面面都能看到熵的增加。例如，昨天我决定做煎饼。我认真配比好面粉、牛奶和鸡蛋，将其放入大碗搅拌，然后把混合物倒进煎锅。很快，我就为我的家人做好了早餐。之后，我看了看厨房的状况……一片狼藉！烹饪用具到处都是，面粉撒在凳子上，水洒在地板上。所有东西乱成一团，此时熵增加了。

为了了解熵是如何增加的，我们回顾一下前文中提到的数字规则：随机选择一个数字，如果它小于 50，就将其加倍；如果它大于 50，就用 100 减去这个数，再把得数加倍。重复这个过程，你会得到一个混乱的数字序列。现在，假设我选择了一个数字，并告诉你它在 14.000 1 和 14.999 9 之间。这一次它可以是小数，所以起始数可以是 14.853 8，可以是 14.188 3，也可以是 14.001 6。你不知道它确切的值。

现在，让我们通过一系列答案为"是"或"否"的问题，看看应用一次翻倍规则并向上取整后得到的数字是多少。在这种情况下，你的第一个问题应该是："它是 29 吗？"这是因为在 14.001 和 14.500 之间选择的任何数，在翻倍和向上取整后都会变成 29（例如，14.191 × 2 = 28.382，向上取整后是 29）；而在 14.500 和 14.999 之间选择的数在翻倍和向上取整后都会变成 30（例如，14.624 × 2 = 29.248，向上取整后是 30）。如果"它是 29 吗？"这个问题得到的是否定答案，那么它一定是 30。所以，你只需要问一个问题就能猜出这个数字。我们说，应用一次翻倍规则的熵是 1。

现在，假设在向上取整之前，我应用了两次翻倍规则，得到的数字（向上取整后）在 57 到 60 之间。那么，你需要问两个问题才能猜出这个数字。你可以先问："它小于 59 吗？"如果不是，你就接着问："它是 59 吗？"如果我应用 3 次翻倍规则，就会得到一个在 81 和 88 之间的数字。因此，你需要问 3 个问题。第 4 次应用翻倍规则会给出一个在 25 到 40 之间的数字，你需要问 4 个问题。

我们每应用一次翻倍规则，所需提问的问题数量也会增加一个，这就是熵增加的含义。随着时间的推移，我们需要用来消除不确定性的问题数量也在增加。这不仅适用于数字游戏，适用于酒吧客人数、理查德的巧克力蛋糕消费量和天气预报，适用于举行婚礼之后的婚姻生活（无论婚礼策划得多么完美），还适用于我做完饭之后的厨房。在两次观测之间等待的时间越长，找出事件当前状态所需的工作量就越大。

但随后会发生一件令人惊讶的事——熵最终会达到上限，不再增加。例如，假设我将上述翻倍规则应用于我的起始数30次，你就无法知道这个数字是多少了。这是因为，经过30次的迭代，我们最初知道的那个在14到15之间的数字几乎可以取1到100之间的任何值。

我们可能会认为熵（也就是我们需要提出的问题数量）是30。毕竟，我们看到，每应用一次翻倍规则，熵都会增加1。一步之后，我们需要问一个问题；两步之后，我们需要问两个问题；三步之后，我们需要问三个问题，以此类推。30步之后，熵应该是30，不是吗？

不对，根本不对！正如我们在前一章看到的，现在找出这个值的最好方法是，像找出1到100之间的任意数字那样问答案为"是"或"否"的问题。我们首先问"它大于50吗？"，并采取跟前一章中猜测1到20之间数字相同的步骤。通过绘制分形树（参见图3–7），我们发现找出1到100之间的数字平均需要问6.72个问题。

现在已经没有必要记录我们应用了多少次翻倍规则了。应用

第3章 混沌思维　　173

30次规则之后的熵和应用31次规则之后的熵是一样的，和应用100次或131次规则之后的熵也是一样的。不管时间过去了多久，方法都是一样的。不管我应用多少次倍增规则，熵的值还是6.72，提问的策略也是一样的。

这个猜数字的例子中有一些人为因素，但物理学家模拟粒子相互作用时依据的是同样的原理。例如，如果我们可以测量斯诺克中白球被球杆击中时的初始速度和方向，我们就可以（以合理的精度）预测它与另一个球发生第一次碰撞后的位置。但是，测量中的任何微小误差都会随着每一次碰撞而倍增。假设我们盖住球桌的袋口，玩30轮游戏。即使我们非常准确地知道每次击球的力度和所有其他球的初始位置，在30轮游戏之后，用数学模型也很难准确地预测出白球的位置，因为测量误差会随着每一次碰撞而倍增。

像玛格丽特·汉密尔顿这样的工程师可能会通过寻找更好的方法来测量这些系统，使其精确到小数点后好几位，以确保对白球位置的跟踪，从而解决这个问题。他们会加强控制，通过仔细监控每个细节来避免混沌。

处理混沌的另一种方法是放手。在应用翻倍规则30次或者玩30轮无袋口斯诺克后，细节变得无关紧要了。混沌意味着试图计算出初始条件或一步一步地跟踪动态变化是没有意义的，你甚至根本不知道已经走了多少步。因此，我们应该像什么都不知道一样，重新开始提问：球在球桌的左边吗？球在球桌的上半部分吗？……

这同样适用于我们的生活。我们在地铁上穿过的每一扇滑门，我们遇到的每一个新朋友，我们做出的是否停下脚步喝杯咖啡或下雨天留在室内的每一个决定,我们结结巴巴说出的每一个字,都会给我们的生活带来细微的变化。熵会随着时间的推移而增加。无论今天我们多么了解自己,我们都不可能知道未来等待我们的是什么。

生活中的三类分布

　　生活与任务控制中心的工作是不一样的,我们必须放手。当我们放手时,熵就会增加。

　　但是放手会产生一种新的可能性。这是一种看待世界的方式,不是从确定性的角度去看,而是从模糊的角度,从可能结果的分布角度去看世界。

　　为了使最后一点更具体一些,我来说一说我在教大学一年级的统计学课程期间做过的一个实验。这门课程不仅需要做大量的理论工作,还需要长时间泡在计算机实验室里,拟合统计模型,绘制数据图表。但我认为学生们也需要明白,他们也是随机世界的一部分。所以,当我觉得他们已经准备好用数字来定义自己的存在时,我就会让他们放下笔,穿上外套(我做这件事通常是在11月,那时的瑞典非常寒冷),走出教室。

　　我把他们带到教室外的一个大四方院里。在此之前,我已经用粉笔在地上画了11条平行线,线的间距约为1.5米,形成了10条通道,就像田径跑道一样。在每条通道的前面,我都贴了一个标签,上面分别写着1~3、4~6、7~9……最后一个是28~31。我让学生们站在与他们的出生日期相对应的通道上。

他们形成了如图 3-8a 所示的直方图，它被称为均匀分布，即每条通道里的学生人数几乎相等。但是，并非所有通道都对应一样多的天数，28~31 这个略有不同，它多了一个"半天"，因为一年中有超出半数的月份（7 个月）有 31 天。不过，学生们的出生日期基本上还是均匀分布的。

从某种意义上说，每届大一学生都会形成类似的人类直方图。这一事实并不令人惊讶，因为我们知道人的出生日期是随机的。但值得注意的是，我可以提前预测出这个直方图，是因为我们知道它是随机的。想想导致我的每一个学生出生的所有因素：父母某天晚上在酒吧偶遇，或者是两个相识已久的人坠入了爱河；关于何时组建家庭的长时间讨论，或者是产生意料之外但也能欣然接受结果的激情之夜。出生日期的模式是完全可预测的，但与此同时，任何人的出生日期又是完全不可预测的。如果我班上的所有学生都声称他们出生在 11 月 14 日，这确实会令人惊讶，但这个事实显然不是随机的。我可能会认为他们是在开玩笑或者是在报复我，因为我要求他们在 11 月的某个早晨站在寒冷的四方院里。

只有当事情真的是随机发生的时候，一种新的理解方式才会出现在我们面前。

不同的人类特征有不同的频率分布。为了说明这一点，我让学生们按照他们的身高站在相应的通道里。第一条通道的标签是"150 厘米以下"，第二条通道是"150~154 厘米"，以此类推，最后是"185~190 厘米"和"190 厘米以上"。他们往来穿梭，寻找与

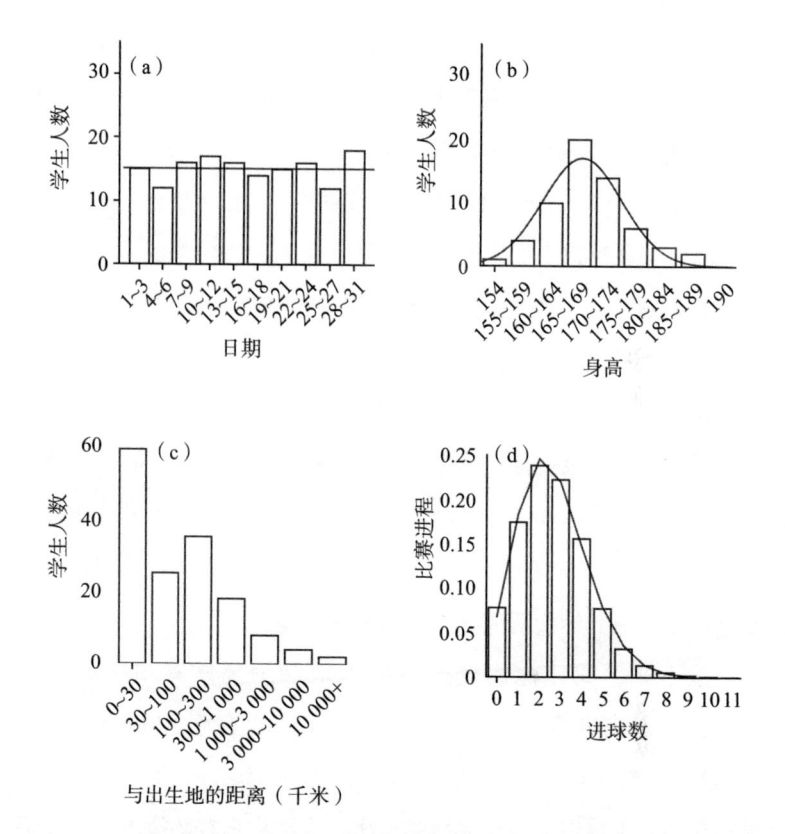

图 3-8 几种常见分布。(a) 出生日期的均匀分布。除了 28~31 日,余下每天的概率都相等。(b) 身高(以女生为例)遵从正态分布(也叫钟形分布)。(c) 学生的学习地与出生地的距离遵从长尾分布。大多数学生在距离出生地不到 300 千米的地方学习,但也有少数学生在距离出生地超过 3 000 千米甚至 10 000 千米的地方学习。(d) 足球比赛的进球遵从泊松分布。长条表示测量数据的分布,实线为理论分布,例如,(a) 均匀分布,(b) 正态分布,(d) 泊松分布

自己身高对应的通道。慢慢地，一种模式出现了。站在通道最前面的10个人的头从低到高形成了一条斜线。但从我的视角和我拍摄的照片可以看到（我站在学生前面的一个较高的有利位置上），最清晰的模式是每条通道的长度。在"150厘米以下"的通道里只有几个女生，在"190厘米以上"的通道里只有几个男生，而在这两者之间，每条通道上的人数不断增加。女生人数最多的是165~170厘米这条通道，而男生人数最多的是180~185厘米这条通道。后来，我让全班学生看了我拍的照片。

正态分布可以表现这类曲线的典型形状，如图3-8b所示。它可以用两个数字来表征：学生的平均身高（我们在本书的开头就讨论过平均数）和标准差。标准差表征的是正态分布或钟形分布的宽度。如果学生的身高相差很大，他们就会形成一个宽的钟形曲线。如果相差很小，则会形成一个窄的钟形曲线。

接下来，我让他们按照与出生地的距离站到相应的通道里。这时，我将通道分为0~10千米、10~30千米、30~100千米、100~300千米、300~1 000千米、1 000~3 000千米、3 000~10 000千米、10 000千米以上。大多数学生出生在距离乌普萨拉不到300千米的地方，但也有少数学生出生在更远的地方。距离直方图看上去与图3-8c相似。大多数学生聚集在100千米的中点附近，但尾部有一小部分人来自5 000千米以外的地方，距离是大多数学生的50倍。这种分布被称为长尾分布，它与钟形分布的不同之处在于它有一个长长的尾巴。距离分布与身高分布非常不同：女生身高的中位数是1.67米，你肯定从来没有遇到过比平均身高高50倍的学生，如果真有这样的学生，她会是一个身高83.5米的巨人！

最后，我还想在这里介绍一种分布，但我还没有想好如何用人类直方图说明它。19世纪初，西蒙·泊松指出，如果事件在发生时间上具有随机性且彼此独立，那么它们遵循一种特定的分布——泊松分布（图3-8d）。例如，足球比赛中的进球概率很小，如果一支球队在比赛的第17分钟进球，也不会影响他们在比赛的第65分钟（或其他任何时间）进球的概率。进球既少见又随机，因此它属于泊松分布。泊松分布还包括工作场所发生的事故和你一天内可能接到的电话数量。

在学生们参与了人类直方图实验之后，我让他们找出自己生活的某些方面的分布。以下是他们所做的其中一些研究，以及他们发现的分布：城市郊区公寓价格（正态分布），化学系学生年龄（长尾分布），篮球比赛得分（正态分布），学生组织的成员数量（长尾分布），瑞典北部每年因饮酒而死亡的人数（正态分布），不同语言的单词长度（泊松分布），用微波炉加热午餐的排队时长（泊松分布），教科书标题包含的单词数量（泊松分布），学生每天上第一节课的到达时间（正态分布），瑞典的年自杀率（正态分布），掷硬币得到正面朝上的概率（正态分布），《权力的游戏》的剧集收视率（正态分布），100米自由泳的赛季最佳成绩（正态分布），乘公共汽车到校所需时间（正态分布），电视剧《都市女孩》一集里角色打电话的次数（泊松分布）……这样的例子还有很多。数据与分布的拟合并不总是完美的，但值得注意的是，这4种分布很好地反映了我们生活的多个方面的本质。

尽管这些分布在众多应用领域中发挥了重要作用，但我不打算深入讨论它们的具体属性。我在这里提到它们是为了说明一个更广泛的观点：这4种分布对我们来说如此熟悉（当我们听到有人身高175厘米，或者出生地在1 750公里以外，或者生日在某个月的22日时，我们不会感到惊讶），以致我们有时会忘记这些因素是在混沌中形成的。我们在前文中看到，我们不能控制一切，因为我们不是全知全能的。我们不可能测量每一只蝴蝶。但如果我们理解这种局限性，并选择放手，事情就会发生显著的变化。放手导致的随机性会使结果形成可靠的分布。我们做出预测的可能性也会随之以另一种形式回归。分布会告诉我们什么是随机的，什么是典型的。

随机性并非完全不可预测。恰恰相反，随机性以一种可预见的方式分布，为简明扼要地描述我们对世界的观察提供了有用的模型。

猜字游戏

克劳德和贝蒂每天晚上都一起吃饭。饭后，他们通常会回到他的公寓，开展一些智力或文化活动。起初，他们会打牌或玩棋类游戏，后来他们一起创作音乐，她弹钢琴，他吹单簧管。

不过，贝蒂很快意识到，光玩室内游戏并不能让克劳德满足，他还需要更多的东西。无论是在家里还是在工作中，他都需要从事有创造性的活动。

于是，他们开始创造自己的猜字游戏。她从书上读半句话，让他完成这个句子。在这些游戏中，他们通常会将文字转化为数字。他让她猜单词"the"在某一页文本中出现了多少次：贝蒂和克劳德一样，也是数学家，和他一样热衷于发现模式。

贝蒂仍然会想起他们第一次共进晚餐的那个晚上，他们谈论了如何用二进制编码字母串，以及他写的那篇关于熵的科学文章。但是，过了一段时间，她开始注意到他们的猜字游戏正在朝着某个方向发展。一天晚上，她来到克劳德的房间，发现他已经提前准备好了游戏。克劳德告诉贝蒂，他在一张纸上写了一段话让她猜，一次猜一个字母。他会记录下她猜了多少次才猜中这些句子里的每个字母。她想，这不是游戏，而是思想实验！

她觉得第一个句子可能是以"the"开头的，于是她猜了"T"。她猜对了。克劳德在面前的纸上记下了一个"1"。接着，她猜了"H"，又猜了"E"。两次都猜对了，克劳德又记下了两个"1"。

"接下来肯定是一个空格。"她有些自信地说。

"不对。"克劳德笑着说，他很高兴第一个词就骗过了她。"再猜一次。"

"那我猜'Y'，"她说，"是'THEY'吗？"

又错了。结果，她猜了5次才得出正确答案：R。克劳德在纸上写下了一个"5"。下一个字母就容易多了，肯定是E，所以第一个单词是"THERE"。猜出了第一个单词后，接下来的两个单词就很容易了，每个字母只要猜一两次她就能猜对：

THERE IS NO…

然后，她又被难住了。这后面可以是任何单词。她猜了15次才猜中第4个单词的第一个字母R，第二个字母E只猜了1次就对了（"毕竟，这是最常见的字母。"她提醒克劳德），但又猜了17次才猜中第三个字母V。

THERE IS NO REV…

从现在开始，猜中就变得容易多了，几分钟后，克劳德写下了第一句话：

THERE IS NO REVERSE ON A MOTORCYCLE.（摩托车没有倒挡。）

完成两个句子后，克劳德把那张纸拿给贝蒂看。他把每个字母依次写了下来，下面记录着贝蒂猜中每个字母需要的次数：

```
T H E R E   I S   N O   R E V E R S E   O N   A   M O T O R C Y C L E
1 1 1 5 1 1 2 1 1 2   1 1 1 5 1 1 7 1   1 1   2 1   3 2 1 2 2 7 1 1 1 1 4 1 1 1 1
A   F R I E N D   O F   M I N E   F O U N D   T H I S   O U T
3 1 8 6 1 3 1 1 1 1 1 1 1 1 1 1 1 1 6 2 1 1 1 1 1 2 1 1 1 1 1 1
R A T H E R   D R A M A T I C A L L Y   T H E   O T H E R   D A Y
4 1 1 1 1 1 1 1 1 5 1 1 1 1 1 1 1 1 1 1 1 1 6 1 1 1 1 1 1 1 1 1 1 1
```

"猜得很棒。"克劳德说。一共101个字符（包括字母和空格），贝蒂仅用一次就猜对了其中的 78 个。最难猜中的通常是每个单词的第一个字母。

贝蒂说："我想我知道你为什么要我这么做了。"她觉得他不是在测试她猜字母的能力，而是在测试英语的可预测性。如果英语是完全随机的，那么她可以通过问"在字母表中，这个字母排在 N 的前面吗？"这样的问题，平均猜 4~5 次就能猜出一个字母。这是因为她问的第一个问题可以把选项范围缩小到 13~14 个字母，因为有 13 个字母排在 N 前面，还有 13 个字母排在 N 后面（如果我们把空格视为第 27 个字母）。她的第二次猜测可以把选项范围缩小到 6~7 个字母（例如，"它排在 G 前面吗？"），第三次可以把选项范围缩小至 3~4 个字母，第四次可以把选项范围缩小至 1~2 个字母，第五次就能得到正确答案（和我们在前文中看到的猜数字游戏的策略一样）。

克劳德证实了她的怀疑。他一直在思考如何测量英语的熵，从而了解我们的交流有多少冗余成分。这个实验证实，如果他把上面的文字信息发送给贝蒂，他不需要发送所有字母。她完全有能力猜出其中很多字母。对一个通信工程师来说，这条信息是无价的。这意味着他们可以通过电报发送更短、更简洁的信息。

"如果我们打算这样度过夜晚时光，那么我们需要好好地做这个实验。"贝蒂一边说，一边走到书架前，取下六卷本《弗吉尼亚人杰斐逊传》中的一本。那是杜马斯·马龙为托马斯·杰斐逊写作的传记，是克劳德买来的书。

"你读过这本书吗？"她问。

克劳德承认他没读过。

"太好了，"贝蒂说。"就用它吧！"

在接下来的几个星期里，每天晚上，贝蒂和克劳德轮流从杰斐逊的传记中选取包含 101 个字母的随机序列，然后一个一个字母猜，看看破译每个序列需要猜测多少次。他们甚至还会倒着完成这项任务，从最后一个字母开始猜，一直猜到第一个字母。尽管倒着猜对他们两人来说都更加困难，但正着猜和倒着猜所需要的次数并没有太大的不同。通过计算，他们发现在猜出前 8 个字母后，猜中余下每个字母平均需要问两个问题。

用"在字母表中这个字母排在 N 前面吗？"这样的问题对字母串进行编码（假定所有字母的出现概率相等）需要问 4~5 个问题（二进制位）。但贝蒂凭借自己的语言经验，只需要问两个问题就能猜中。

"这意味着我们写的东西有一半是可预测和冗余的，"克劳德说，"但还有一半是不可预测和随机的。而信息就在另外一半中。"

走大路还是走小路

约翰、理查德、贝琪和索菲决定去科茨沃尔德度周末。负责开车的约翰查看了谷歌地图，发现最快的路线是走 M4 高速公路。他打开 GPS（全球定位系统）后就驾车出发了。

理查德有不同的想法。一位同事建议他们走牛津郡的乡间小路，以避开周五下午的拥堵路况。出发时，他把这些都告诉约翰了,但约翰已经打定了主意。他说,跟着GPS的指示走不但简单,而且更快。

路上一切都很顺利,直到他们接近斯文顿。前方的一辆卡车抛锚了,导致高速公路上的一条车道被关闭,交通堵塞变得越来越严重,看起来他们至少要晚一个小时才能到达目的地。

"我告诉过你,"理查德说,"我们应该走乡间小路。"

"你现在这么说当然容易了。"约翰反驳道,"我只是按照我们当时掌握的最有利的信息行事!谷歌地图不可能知道路上会有卡车抛锚。"

"但就像我说的那样,"理查德接着说,"你永远不应该相信一个应用程序。"

一直坐在车后座上愉快地聊天的贝琪和索菲也闭上了嘴巴,气氛变得凝重起来。

遇到问题时,"我早告诉过你"和"这是当时最好的选择"往往会引发争论,不仅是生活中的小决定(比如走哪条路,上班是否带伞)如此,一些更重要的决定(比如搬到新的城镇,找一份新工作)也是这样。当事情没有按计划进行时,我们很容易责怪那些与我们关系密切、参与决策的人。

混沌思维告诉我们,世界上总有很多事情是随机的和无法预测的。熵测量的正是这些。它可以测量出在M4高速公路上抛锚的卡车、铁轨上的树叶、在孩子的生日派对上因为踢足球而拉伤背部的父亲、忘记带去学校的午餐盒、去考场途中坏掉的自行车、工作中跑单的大合同,甚至是一个意料之外(但并非不受欢迎)的家庭

第3章 混沌思维 185

新成员。

混沌创造的熵始终伴随着我们。我们无法预测，也无法改变。

一旦人们觉得他们所做的选择伤及他们的自尊心，他们就会大动肝火，尽管事实上没有人能知道未来会发生什么。当事情出错时，把责任归咎于过去所做的选择，就像最初做出的决定一样，都是一种不确定的行为。"我们应该知道"的说法很少是正确的，因为通常情况下我们根本不可能知道。我们也不应该争辩说这是"当时最好的选择"，因为当时很可能还有其他不确定的选择摆在我们面前。

那时我们不知道，现在我们仍然不知道。

我们不应把自尊心捆绑在我们的决定上，而是应该在做出选择的时候承认，我们并不确定某个行为能否带来最好的结果。这并不是软弱的表现，也不意味着我们没有把事情想清楚。相反，这是因为我们对混沌和不确定性有所了解，知道生活中有很大一部分事情是我们无法控制的。我们一直在玩猜谜游戏，我们不知道自己会赢还是会输。

约翰坐在那儿沉默了一会儿，然后转过头对理查德说："你是对的。你建议的方法确实更好。对不起。"

"没关系，"理查德回答道，"你也不可能提前知道会有事故发生。我说的那条乡间小路上也有可能堵着一头牛呢。"

气氛一下子轻松了。几分钟后，高速公路上的那条车道又开放了。这个周末朋友们（有可能）会玩得很开心。

我们已经学习了4种思维方式中的3种,这为我们处理许多日常问题提供了一个框架。旅程的第一站是统计思维:了解数字。你能想到的每一个事实,从如厕后洗手的人的比例(全球20%)到想去太空旅行的人的比例(49%的英国人不想去,即使没有风险),只要点击几下鼠标你就能知道。但我们也必须意识到,这些数字通常不会告诉我们应该如何行动,或者我们应该如何与他人互动。

这时就需要互动思维了:思考你的行为如何影响他人,以及你如何让他们的行为影响你。仔细观察你的行为和你身边人的行为所遵从的规则,找出是什么导致你总在做你不想做的事情,有什么办法让你摆脱毫无意义的争论。然后(这时候就要用到混沌思维了),确定你生活中的哪些方面是你想要密切控制的,而哪些是你想要放手的。你不可能控制生活的方方面面,哪怕是其中一小部分,也很困难。相反,你要为应对随机性做好准备。

决定放手的时候,你要谦虚谨慎。如果你不知道自己周围发生了什么,那就问问题。不要对最初你很难理解的人失去耐心。情况越复杂,你需要了解的东西就越多。熵永远不会减少。时间过得越久,你知道的就越少。记住,你已经决定放手了,所以假装知道一些你不知道的事情对你的声望无益。有时你会在混沌中找到出路,有时是你的朋友或同事取得了突破。好运气来的时候不要把功劳揽在自己身上,轮到别人表现的时候你也不要心生怨恨。

当事情进展得不太顺利时,回首往事,人们很容易这样想:"要是我听从了那条建议就好了",或者"要是我听从了自己的直觉就好了"。当你做了一个糟糕的财务决定,谈了一段恋爱但至今没能修成正果,或者选择了一份糟糕的工作时,你很容易陷入为此责备自己或他人的陷阱。当然,你应该找出问题所在,并从错误中吸取教训。但你也应该记住,你永远不知道未来会怎么样。不要责怪自己,错的是永远不会减少的熵。

文字的海洋

星期五,我们在圣达菲研究所的课结束后,我看见埃丝特一个人坐在阳台上,眺望着外面的景色。研究所坐落在城郊的一座小山上,展现在她眼前的是如沙漠般的风景。

我走出去,来到她的身边。

自从在图书馆的那个晚上之后,我们就再也没有独处过。

"我想我知道你说的'20个问题的游戏'是什么意思了。"我说。

她继续看着外面的景色,只是微微点了点头作为回应。我接着说,我们不应该像鲁珀特那样假设每个人都是平均水平,也不应该像帕克那样声称相互作用是确定的、可预测的。混沌不可避免地占据上风,留给我们的是呈现为各种分布的结果。我们需要问的20个问题就是关于这些分布的。我们应该根据不同的身高、体重、偏好、想法等来看待人类。每个人都是不同的,但如果我们问足够多的问题,那么每个人都可以被理解。人群可以通过他们所构成的分布来理解。

在贝蒂的例子中,需要问2个问题来编码4个字母。20个问题提供了超过100万个不同的选择(准确地说,是 $2^{20} = 1\,048\,576$

个选择）。30 个问题足以描述 10 亿个选择。如果是 40 个问题，我们就有 1 万亿个选择了。通过提问和绘制分布图，我们可以看到人类整体的轮廓。

埃丝特静静地坐了一会儿，终于表示赞同："说得很好。"

现在轮到我安静地坐在那儿了。有些事仍然困扰着我。我不喜欢这种方法，它把我们变成了一个个 1 和 0，变成了"是"或"否"的二元答案。难道我们只不过是分布图上的一个个点吗？

"我不明白的是，"我最后说，"如果我们都只是 1 和 0，这一切又有什么意义呢？"

"你又想到了莉莉-罗斯和生命的意义，是吗？"她笑了。

"你对生命的意义不感兴趣吗？"我问。

"我是瑞典人，所以对于这个问题我的答案是否定的。"她说，"生命的意义是我们在中学学习的东西，现在我们离开学校了，已经长大了，就不需要再考虑这个问题了。"

我不知道该说什么。我不确定这是某种斯堪的纳维亚式的幽默还是在陈述事实。

"事实上，"她接着说，"我 15 岁时就想通了。"她清楚地记得那一刻：就像我们现在一样，她坐在她家避暑别墅附近的海滩上，眺望着大海。夏天快结束了，尽管天气很热，尽管父母也想把她拉出去玩，但她整个假期都坐在屋里看书。

她本来打算把当地那家小图书馆的古典文学名著按作者姓氏字母倒序全部读一遍。她读过简·奥斯汀的书，她喜欢这位作家，觉得她可能是最优秀的作家。为了避免每读完一本好书就遇到一

第 3 章　混沌思维

本令人失望的书，她选择了从Z到A而不是从A到Z的顺序。一开始，这个夏天过得飞快——弗吉尼亚·伍尔夫、托尔斯泰、托马斯·曼、哈珀·李、海明威、托马斯·哈代、斯科特·菲茨杰拉德，但后来她读到了D，读到了陀思妥耶夫斯基的八九本大部头。她从略薄的《罪与罚》开始，一直读到很厚的《卡拉马佐夫兄弟》，最后一本书几乎把她压垮了。这是一本陀思妥耶夫斯基的早期作品集，似乎是想发掘出更深层次的意义。写这本书的时候，作家似乎下定决心要说些别人从未说过的话。

终于读完了，她走下楼去看海，想让自己的头脑清醒一下。

看着水波荡漾的大海，她开始怀疑陀思妥耶夫斯基书中的所有文字是否就像海面上的波浪。她越认真地观察海浪，看到的细节就越多。风让每一个海浪都有细微的变化，但与此同时，所有海浪又都是前赴后继的海水。她也许无法了解每一个波浪，不知道它从哪里来，要往哪里去。但她了解大海，大海就是大海。也许她与陀思妥耶夫斯基的著作之间也是这种关系。他的文字在她脑海里荡漾，变化不定、丰富多彩，但最终书中的所有文字都是一样的。她整个夏天都在看书，仅此而已。

她想到了海里所有水分子的排列方式，又想到了她读过和没读过的所有文字可能的排列方式。她想，她不需要继续读下去了，因为没读过的文学作品和她读过的那些一样，都是典型的伟大作家在典型的伟大作品中写下的典型文字。她现在对文学有了一些感悟，就像她对大海有了一些感悟一样。从此以后，只要重读奥斯汀的作品就能让她内心愉悦，因为她知道大海永远在那里。

几年后,她进入大学学习计算机科学,学会了如何用二进制表示数据。她的老师告诉她,世间万物都是由信息构成的,比如海浪,无论是在海里还是在阳光下;再比如文字,无论是书面的还是口头的。他们向她展示了如何最有效地对这些文字进行编码,将它们转换成二进制位,让它们可以像光子一样,以类似洋流输送海水的方式传递到世界各地。就像那天她凝视海浪时所感受到的那样,一切都是二进制数字 1 和 0,而不是其他任何东西。

她学习了熵和随机性。她研究了均匀分布、正态分布、长尾分布、泊松分布和其他统计技术。

她意识到,这些分布解决了许多复杂的问题,她还意识到自己的老师帕克并没有完全理解这一点。

她说:"我的意思是,鲁珀特确实需要补充一些技巧,但他对帕克的整体做法提出的批评还是有道理的。"

她说,帕克对捕食者-猎物模型、混沌和动态的展示,似乎表明了里面暗藏的东西比实际多,这让她有些恼火。她觉得他是在故弄玄虚,但在她把注意力集中在数学和统计学上后,她才充分明白了这一点。

这和陀思妥耶夫斯基的作品完全一样,也有很多不必要的文字……

"讽刺的是,"她说,"帕克似乎没有领会到熵传递的最重要的信息:我们应该找出信息中包含的信号,并去除噪声。他用自己的胡言乱语让信息变得冗长。"

她意识到还有另一种选择。这是她开始研究克劳德·香农的文

第 3 章 混沌思维 191

章时想到的。她对香农和他的妻子贝蒂一起进行的测量语言熵值的研究特别感兴趣。他们提出，可以利用前面出现的字母和单词来预测序列中的下一个字母或单词。最近，在发现可以在线阅读陀思妥耶夫斯基的作品后，她就做了这个尝试。她发现，利用香农的理论，她可以根据前面出现的单词，预测陀思妥耶夫斯基作品的下一个单词。虽然不是百分之百确定，但他的作品有一个清晰的基本结构。即使是最复杂的文本，也会呈现出可预测的分布。

据说斯坦福大学正在讨论一个关于数据挖掘的新想法，其核心理念就是关注数据。两名博士后研究员谢尔盖·布林和拉里·佩奇，计划在秋季学期开一门关于这种方法的课程。埃丝特已经跟随帕克完成了硕士研究生的学习，尽管帕克希望她继续做他的博士生，但她还是决定去加州跟着布林和佩奇学习。

她说，想想万维网，想想打开火狐浏览器后可以搜索到的东西。但是，与其关注网页上写了些什么，不如想一想网站之间的链接：哪个页面链接了哪个页面？哪个网站最受欢迎？你在某个网站上看到了什么并不重要，重要的是某些页面之间的联系比其他页面更密切。如果我们能找到所有网站的人气分布，我们就可以帮助人们找到他们真正需要的信息。

埃丝特说，未来我们将掌握大量的个人信息：他们在网上浏览了什么，看了什么电视节目，在超市买了什么，和谁是朋友，诸如此类的所有信息。我们可以把人们在互联网上做出的选择想象成一连串的"1"和"0"。每次点击鼠标都是在决定他们想要什么，不想要什么。我们将能预测这些点击，并设计计算法，自动识别他们想要的信息，以及他们可能购买的产品……

"没有别的了吗？"我问，"我们肯定不能只通过人们访问各个网站的频率来了解他们的行为和喜好。就像你不能把陀思妥耶夫斯基的作品看作一堆文字一样，他表达的是意义。"

"也许是，也许不是。"她说，"但这不是我的重点。"

她说，在考虑工作时，她只关心我们可以衡量和预测的那些东西。我们是科学家，我们测量事物，比如海水的压力和温度、海浪的大小。她发现陀思妥耶夫斯基作品中不同单词的出现频率，就像网页之间的链接数一样呈长尾分布。互联网的结构可以从分布和熵的角度去理解。

"你的朋友莉莉-罗斯当然可以自由地谈论星星、我们的思想等，但帕克不能。反正在这里，在工作的时候不可以。"她说，"当我们能够测量某个事物时，我们就应该去测量它。凡事都有模式。发现模式后，就可以讨论这些模式，并利用模式来帮助人们找到他们正在寻找的信息。但如果没有模式，一切都将无从谈起，我们就应该闭上嘴巴。"

我们静静地坐着，望着窗外的风景。山坡上点缀着均匀分布的灌木，这是一种熵值较低的灌木结构。

一切似乎都静止了，在那一刻，我觉得我完全明白了埃丝特所说的大海是什么意思。把世界看成由 1 和 0 组成的信息，冷静地用分布、熵和可能性来描述它，这种思维方式蕴含着一种宁静。

还有别的思维方式吗？还是说我们已经到达了这趟旅程的终点？

第 3 章 混沌思维　193

第 4 章

复杂思维

国际数学大会

安德烈·尼古拉耶维奇·科尔莫戈罗夫站在黑板前等待着。他很紧张,也很不习惯这种感觉。当他周末在避暑别墅为高强度博士生小班授课或者去其他学校做访问学者时,他都会有一种一切尽在掌控的感觉。在苏联,科尔莫戈罗夫受到所有人的钦佩。尽管没有什么政治背景,但他在学术界已经上升到了很高的地位,因此1970年的法国尼斯之行,要是换成他的许多同事都不会被批准,但他就是那个例外。他的才智和成就无人能及。

但是这个舞台以及台下济济一堂的观众有所不同。这是国际数学大会,是精英数学家的会议,而且每4年会颁发一次著名的菲尔兹奖。科尔莫戈罗夫知道听众中有许多"布尔巴基"学派的成员,这些主要来自巴黎的数学家就像这门学科的清教徒。他们用尼古拉斯·布尔巴基这个笔名,共同撰写了系列教科书《数学原本》

(*Elements*),旨在建立一种最严谨的数学方法。他们认为,这种方法不仅是所有研究的基础,而且是孩子们在接受学校教育的最初几年就应该学习的。

正是这群人的存在让科尔莫戈罗夫感到不自在,布尔巴基学派成员的目光只盯着他一个人。他们似乎非常严厉,要求他所说的话必须符合他们学派建立的数学严谨性。但他知道,只要进行了理性思考,就不必担心。毕竟 40 年前,当时还很年轻的他就提出了概率论的第一个框架,并被证明是布尔巴基《数学原本》的一个重要组成部分。后来,他解决了许多重要的数学问题,法国数学界甚至一度有传言说安德烈·科尔莫戈罗夫不是一个人,而是一群苏联数学家的化名,相当于苏联的布尔巴基。但他确实是一个人,一个紧张不安的人。

他想和布尔巴基学派说说他对他的学生、同事和他在教学中遇到的那些天真的 12 岁孩子说过的那些话,和他们讨论他感兴趣的那些小问题、介于琐碎和不可能之间的挑战,以及小学生有可能解决、最有经验的教授也有可能被难倒的任务。然后,他想谈谈为什么那些试图统一整个数学领域的大项目,比如《数学原本》,注定会失败。

终于,他开始了他的演讲。

他说:"首先,我想谈一些超出我演讲的基本主题框架的观点。"他希望听众能为接下来的内容做好准备。在说这些话的时候,他意识到自己没有回头路了,他必须把他的看法原原本本地说出来。

"纯粹数学是一种关于无穷的科学。"他的声音越来越大,"希尔伯特是数学完全形式化的鼻祖,他打造的数学巨船只会把数学家送上天堂。"

现场观众都倒吸了一口气。戴维·希尔伯特的"泰坦尼克号"工程就是 70 年前他在 1900 年国际数学大会上公布的 23 个著名的数学问题。这些问题一旦被解决,就意味着数学将是严谨推理的唯一途径。希尔伯特希望数学成为一门无所不包、能解释一切的关于无穷的科学。科尔莫戈罗夫的一些早期研究对希尔伯特伟大工程的构建而言至关重要,但科尔莫戈罗夫现在表示,这艘伟大的数学之船注定会沉没。

他概述了布尔巴基学派在《数学原本》中对数字 1 的定义,并以此为例,说明了希尔伯特项目所面临的困难。对科尔莫戈罗夫和每一个小学生来说,数字 1 就是 1,这并不复杂。但布尔巴基学派在定义数字 1 之前,先提出了一种基于维恩图的推理方式,用于说明多组对象之间的关系。他们通过好多页的符号运算定义了多组对象,最终才给出了数字 1 的定义。

在科尔莫戈罗夫看来,他们的工作方式具有误导性。他认为,所有这些复杂的计算都违背了他所看到的小学生解数学题的方式:利用直觉。按照布尔巴基的方法,小学生在理解一个人、一头牛或一美元的存在之前,要先理解由维恩图构成的形式世界!数字 1 的定义当然应该是直截了当的,复杂的定义一定是错误的。

他说,布尔巴基数学从本质上就是失败的。它使简单的事变得复杂,未能消除真正的复杂性。科尔莫戈罗夫说,电脑就相当于撞击希尔伯特的"泰坦尼克号"的冰山。他认为，未来物理学和其他科学领域的问题不会用集合论和维恩图提供的无穷数学来表述，而是直接以计算机模拟的形式编码。苏联和美国的工程师可以模拟包括飞船飞行和经济运行在内的一切事物。他宣称我们正在步入算法时代：用一组组指令告诉学生如何找到正确答案，用一组组计算机代码可靠地执行我们的指令。

科尔莫戈罗夫意识到自己说得太笼统了。毕竟，他们来这里是为了研究数学，而不是用沉船、无穷的天堂或通往希尔伯特天堂之路等比喻来谈论数学。他突然明白了为什么他在演讲开始之前会如此紧张：只有在这样一个开场白之后，他才能给出一个听众从未听说过的新颖数学结果。在那一刻，他低头看着手中的笔记，他知道这正是他想说的。

紧张感消失后，他抬起头看着观众，大声说："通过从算法的角度进行的思考，我现在要对一个基本的数学问题做出新的解释：说某件事很复杂是什么意思？"

布尔巴基学派成员一声不吭，伸长脖子聚精会神地听着。苏联人的计算可能会取代他们深信的无穷数学天堂？即使科尔莫戈罗夫说得天花乱坠，他们也不会被说服，但他们可能会被逻辑论证说服。现在是时候去倾听和思考了……

宇宙就是一个矩阵

马克斯告诉我："埃丝特说的是矩阵。"

在周六的晚餐时间，我跟马克斯说起了前一天我和埃丝特在研究所的对话。

马克斯说，在基本层面上，埃丝特对宇宙的认识和许多计算机科学家一样，认为宇宙就是一大堆的1和0。他称之为"矩阵观"。毕竟，矩阵这个数学名词指的就是一组数字。但它也是一个令人回味的词，它抓住了现代世界中包含极大规模数据的本质。

当埃丝特观察矩阵时，她会问矩阵的哪些部分是可以预测的。她知道其中有随机性，但她的目标是将随机性减少到她能理解的维度。她在寻找模式。

"我毫不怀疑，"马克斯说，"像埃丝特这样的人在未来几十年里会变得越来越强大。"

他让我回想我们在运动酒吧的体育节目喧嚣声中度过的第一个晚上。他说，世界将越来越多地受到这种噪声的支配，不仅美国的酒吧如此，世界各地也都是这样。人工智能游戏，比如《毁灭战士》，将变得更加逼真，也更加吸引人。我们将用上虚拟现实头戴式设备，以前所未有的方式相互联系。使用万维网的将不只是学者和书呆子，而是所有人，可以随时随地地聊天、辩论、分享图片和声音。随着我们从一个活动切换到另一个活动，我们的注意力水平会下降，无法辨别哪些东西重要而哪些东西微不足道。新闻、体育、政治、游戏、观点、真实的东西和虚拟的东西结合在一起，成为熵的无穷源泉。

马克斯接着说："能够整理和组织这些信息的人会变得成功富有。"他说，埃丝特和即将成为她同事的斯坦福大学的计算机科学

第4章 复杂思维　　199

家,将从矩阵中挖掘出大众眼中最有趣的东西。然后,他们的算法将创造出更多的文本、音乐和图片,使矩阵呈指数增长。他预计,随着信息膨胀,那些像莉莉-罗斯一样凝望夜空的人将成为输家。他们会发现令人惊奇的东西越来越多,而且再也看不到现实与幻想之间的区别。

他说:"即使那些能从矩阵中提取信息的人也会失去辨别出真相的能力,但这无关紧要,因为现实本身的形式会改变。"

"所以,埃丝特是对的?"我问,"一切事物都只是信息和概率分布?"

马克斯看着我。他在发表长篇大论时通常会看着我右肩略低的位置,但现在他的眼睛直视着我。我不得不把目光移开。

"你认真读过香农的论文吗?"他直截了当地问。

我只能坦承我没有时间去深入理解其具体内容⋯⋯

"我们在这里的原因,或者至少是我在这里的原因,"他说,"就在于我们不同意埃丝特的观点。她错了。你,还有我,我们都拒绝只从随机性的角度看待世界,我们并不认为它是纯粹线性或稳定的。"

如果我像他那样认真阅读了香农那篇关于熵的论文,我就会知道香农很清楚自己的研究与真正的复杂性毫无关系。在引言中,他不动声色地写道:"信息往往是有意义的,也就是说,它们要么是指某些物理或概念实体,要么通过某个系统与这些实体相关联。"

马克斯说香农的话有些轻描淡写了:"香农是在告诉我们,他的理论几乎没有涉及我们认为重要的东西,比如在物质世界与我们密切相关但在概念和思想世界与我们毫不相干的东西。它与真正的复杂性无关。"

香农在他的文章中写道:"通信中的语义与工程问题无关。"他不是想说信息的意义(语义)不重要。相反,他想强调的是,他的方法处理的并非最重要的事情。他的熵只是一个帮助存储和传输信息的技术解决方案,它不会告诉我们接收到的信息对我们意味着什么。

马克斯说,以音乐为例。1949年,也就是贝蒂嫁给克劳德的那一年,她研究出了一种自动生成乐谱的算法。她和贝尔电话实验室的同事约翰·皮尔斯一起,设计了一个掷色子并按照数学步骤编写和弦的系统。莫扎特和巴赫在他们那个时代也利用随机性来创作音乐,但香农和皮尔斯的研究通过方程将这一过程形式化,改进了和弦的构造方式。结果喜忧参半。两位算法创建者称,有些曲子听起来"相当悦耳",但他们也承认和弦之间缺乏联系,有一种黏糊糊或跳跃的感觉,这说明歌曲创作得不太成功。

马克斯说:"这就是电脑制作音乐的问题所在。它总会漏掉一些东西,要么没有深度,要么没有情感,要么没有意义。"

贝蒂和克劳德结婚并组建家庭后搬到了波士顿,克劳德成为麻省理工学院的一位教授。他们致力于以技术为基础的研究项目。克劳德设计了一个能破解迷宫的机器鼠,贝蒂完成了它的布线。他们共同设计了一个股票市场投资计划,并因此成为迅速发展的硅谷公司的早期成功投资者。但他们对熵或抽象的信息度量都不太感兴趣,而是更关注对他们本身来说真正有意义的实践活动。

马克斯说，埃丝特就是遗漏了这一点，她把一切都归结为概率分布。这给我们留下了一种类似于贝蒂·香农早期的音乐算法的方法：不连贯的和弦，在不同的想法之间跳跃，不太成功的歌曲。我们无法用这种方法捕捉人类的本性，也无法触及复杂性的核心。

"这么说，你同意莉莉–罗斯的意见？"我问。

他大声说道："不！我们当然不会接受占星术的胡言乱语。"

马克斯告诉我，莉莉–罗斯那群人看到这个巨大的矩阵就会目光迷离。他们只会看到神秘主义的东西。

他说："在现代世界，我们需要更具批判性，而不是相反。"

他告诉我，我们——他、克里斯和我（他希望包括我）——正在寻找的是真正的复杂性理论。这个理论将构建一道分界线：一边是随机性和混沌，另一边是秩序和稳定性。这个理论考虑了相互作用，但超越了捕食者–猎物模型和易感–感染–恢复疾病模型等过于简单的模型。

他说，这样的理论需要我们改变视角并承认我们生活在一个万亿维度的世界里，它还需要我们下定决心，努力寻找一条穿越这些维度的新路。

马克斯用听上去不太肯定的语气说道："这就是我们在这里的原因，不是吗？这就是我们想要弄清楚的事情。我们都想知道这个矩阵的真正本质。这难道不是最重要的问题吗？在这个庞大的 1 和 0 阵列中隐藏着什么？在这些数据的哪个位置上能找到我们每一个人？我们对香农所说的物理和概念实体到底是怎么理解的？"

"那到底是什么理论呢？"我问。

"嗯,我想它就是克里斯最后一周要说的东西吧。他将告诉我们复杂性的秘密……至少他会告诉我们在这里工作的那些聪明人在这方面都取得了哪些研究进展吧……"

到目前为止,马克斯似乎能回答我提出的每一个问题,但我意识到,我不能继续刨根问底了,因为他并不知道这类复杂性的秘密。现在我们的问题是:这个秘密可能会是什么?

所有人的生活都是复杂的

在我们的旅程刚开始的时候,我们发现统计方法(均值和中位数、最大似然、数据中的直线关系)对观察社会模式很有用,但不足以捕捉到很多对我们个人来说非常重要的东西。这让我们更仔细地观察我们的互动——我们的争论(和分歧)背后的规则,我们的社会流行病和我们经历的引爆点。然后,我们发现了混沌。随机性是不可避免的,而且往往源于我们为了回到正轨而采取的极端措施(突击式减肥或强烈的决心)。之后,我们再一次关注数据。但这次我们看的不是平均数,而是结果的分布——身高、财富和个人经历。混沌思维教会我们放手,但也要求我们提出一些明智的问题,以便深入了解他人。

这3种思维方式的成功之处在于对独特问题的分解:理解为什么交通堵塞是我们无法控制的;知道在哪些情况下节省时间可以让我们感觉更快乐;仔细观察我们是如何回应他人的;思考我们生活中的哪些方面应该加以控制,而哪些方面应该放手。

但在生活中，有很多时候情况尤其棘手，要么是多了一个维度，要么是出现了一个不同的层面，要么是有一些我们无法简化或分解的东西。举个例子，约翰、理查德、贝琪和索菲坐在一辆车里，他们很快就到科茨沃尔德了。虽然在我们的帮助下，约翰和理查德不再互相攀比看地图的技能，但我们还是没有解决他们之间更深层次的问题。也许理查德脾气暴躁是因为工作中的问题让他焦虑；也许约翰特别想在周末外出时给索菲留下深刻印象；也许贝琪是在生索菲的气，因为后者参加这次活动就是因为约翰喜欢她；也许索菲对约翰一点儿也不感兴趣，她只是想去乡下长跑……

当这 4 个朋友上车时，伴随着他们的还有各自的过往、关系和内心深处的想法。我们无法用简单的语言来明确定义这些东西。

简单地说，他们的生活——乃至我们所有人的生活——都是复杂的。

我们不一定能分解这种复杂性，而这正是它复杂的原因。

但我们能找到一个定义，也就是说，我们能找到一种方法来衡量事物的复杂性。这正是安德烈·科尔莫戈罗夫的切入点。

复杂性取决于它的最短描述的长度

科尔莫戈罗夫意识到，定义复杂性的难点在于，准确地说出是什么致使某个事物更复杂。从山区流出的河网比穿过乡村的笔直运河更复杂吗？飞机机翼末端产生的湍流比船在水中缓慢行驶时产生的涟漪更复杂吗？抛硬币比苹果从树上掉下来更复杂吗？

在某些情况下，这些问题可能像禅机一样玄妙。从谷歌地球的角度来看，山腰上的溪流网络比乡村运河要复杂得多。然而，运河是人类聪明才智的产物，是人类复杂思维和复杂关系的产物，而这些复杂思维和复杂关系本身就比山区地形复杂得多。

1970年，科尔莫戈罗夫在尼斯演讲中用一句话揭开了复杂性之谜。他说，模式的复杂性就是可以用来生成该模式的最短描述的长度。

这就是运河本身没有河网复杂的原因：运河可以被描述为"连接A和B的地面上的线"，而描述河网时还需要描述山腰的轮廓。不过，科尔莫戈罗夫的定义也解释了为什么运河的规划和建造过程比河网的形成过程更复杂：前者涉及工人的协调、复杂工具的制造、工程原理和劳动分工，而后者是水慢慢没过泥土、石头和沙子所造成的结果。

科尔莫戈罗夫的回答将我们简洁地描述事物的能力与事物的复杂性联系起来。虽然抛硬币是混沌的，但对其运动轨迹的数学描述与苹果从树上掉下来的轨迹描述类似，只不过增加了一个方程来描述硬币的旋转。所以，根据科尔莫戈罗夫的定义，抛硬币只比苹果落地复杂一点儿。同样，上一章中由翻倍规则生成的看似随机的序列并不复杂，因为我们可以用一个方程表示它。空气或水的湍流也不复杂，因为它是由物体在流体中运动这样一个简单过程产生的。

科尔莫戈罗夫的天才之处（我认为他对复杂性的定义是20世纪最重要但也是最被低估的发现之一）在于，他洞见到复杂性取决于我们能否很好地解释它。在牛顿提出万有引力理论之前，其他理论可能都认为每个物体在世界上都有其独特的位置：苹果应该在10月份掉到地上，月亮应该绕地球旋转，人的位置在地上而鸟的位置在空中。牛顿的万有引力理论摈弃了无数复杂的解释，而改用几个简短的数学方程来描述物体的运动，这些方程还会在未来准确地描述更多的观测结果。

如果没有人做这些解释工作，那么任何事物都没有复杂与简单之分。事实上，对科学的其中一种描述是，它是一个为我们周围的现象寻找越来越简短解释的过程。当科学家找到这些解释时，表面看上去复杂的事情就会突然变得简单。只有难以解释的事物才是复杂的。

这与当时其他数学家的观点截然不同。20世纪初，戴维·希尔伯特提出的一个关键数学问题是概率的公理化定义。公理是一种不证自明的陈述，没有人能合理地质疑它们。1933年，科尔莫戈罗夫提出了概率的3个公理：1. 事件不能有负概率；2. 至少有一个事件的概率为100%；3. 如果两个或两个以上的事件是互斥的（它们不可能同时发生），那么至少发生其中一个事件的概率是每个事件的发生概率之和。

为了让这些公理变得更具体，让我们考虑一个六面色子的例子。公理1说，我们得到6的概率不能小于零（无论色子是什么形状）。公理2说，当我们掷色子时，我们得到1到6之间数字的概率是100%（假设色子有6个面，依次标记为1到6，并且它落地时不会是某条边朝上）。公理3说，我们得到5或6的概率（如果是公平色子，概率就是 2/6）等于得到 5 的概率（如果是公平色子，概率就是 1/6）加上得到 6 的概率（同样是 1/6）。我认为我们都同意这些公理是对的，不会有任何合理的怀疑。科尔莫戈罗夫解决希尔伯特问题时使用的方法是，证明所有其他关于概率的合理命题都只遵循这 3 个公理。例如，它们可以用来计算掷色子时连续得到两个 6 的概率，或者掷 10 次色子都没有得到 6 的概率。我们所知道的关于掷色子的一切（以及一般的概率）都遵循这 3 个公理。

科尔莫戈罗夫在 20 世纪 30 年代发现了这些公理，它们带来的美感正合希尔伯特和布尔巴基学派的纯粹数学家的心意，也得到了同行的广泛赞誉。但是，到了 1970 年，科尔莫戈罗夫觉得他的公理太抽象了。如果我们想向一个孩子解释掷色子的概率，我们不会一开始就告诉他色子落地时某一面朝上的概率不可能是负的（就像公理 1 告诉我们的那样）。因为这条信息显而易见，在解释时给出这条信息是毫无意义的。因此，我们可能会说，因为色子会弹跳很多次，所以很难预测它落地时哪一面朝上。后一种描述是一种算法。1970 年，科尔莫戈罗夫正是在该算法的基础上提出了新的方法。他在尼斯演讲中表达了对整个布尔巴基数学体系的怀疑，这同样是建立在该算法的基础之上。正如他当时所说，"（在布尔巴基数学体系中）'数字 1'的定义包含了成千上万个符号，但这并不妨碍我们通过直觉去理解'数字 1'的概念。"

使用成千上万个符号来定义数字 1，只是众多例子中的一个。它们表明，坚持使用看似最简单的数学形式——公理，会导致对现实世界的解释过于复杂。这就是为什么科尔莫戈罗夫放弃了基于公

第 4 章 复杂思维 207

理的方法，改为从信息和计算机代码的角度思考——这些东西展示了我们对如何看待现实世界中的现象的有限描述。

我们已经在本书第 3 章和马克斯的矩阵比喻中看到，数据可以写成二进制字符串。例如，所有单词和文本都可以通过 ASCII 码（现代计算机使用的 8 位字符码）或回答是否问题编码为由 1 和 0 构成的字符串。手机屏幕上的图像可以用像素编码，像素本身就是二进制字符串，可以描述屏幕上每个点的红、蓝、绿的强度。

算法也可以用二进制代码编写。编程语言有很多，比如 Python、C 语言、JavaScript，但它们都会被计算机处理器转换成二进制代码。我们编写的计算机代码都可以表示为由 1 和 0 组成的字符串。

科尔莫戈罗夫将模式的复杂性定义为可用于生成该模式的最短算法的长度。例如，将计算机屏幕完全涂成白色的程序很短，它将遍历所有像素并将所有值都设置为 0（假设 0 为白色）。绘制直线的程序也很短，它会指定直线的起点坐标和终点坐标。绘制圆形或正方形的程序亦如此。因此，根据科尔莫戈罗夫的定义，白色屏幕、直线、圆和正方形都可以定义为简单模式。

更复杂的模式，例如电脑游戏中的图形，需要更长的代码，因此也更复杂。使用少量计算机代码就可以编写像《俄罗斯方块》或《Wordle》等图案简单的游戏，而像《堡垒之夜》或《侠盗猎车手 5》等图案更复杂的游戏则需要更长的电脑程序才能运行。

早在电脑游戏出现之前，科尔莫戈罗夫就提出了他的洞见：复杂性并不是输出本身的属性，而是生成或描述输出的程序的长度。

伦敦百态

虽然我们不使用二进制规则、计算机程序或算法同他人交流，但在描述他人时，我们仍然可以向科尔莫戈罗夫学习。

让我们看看阿伊莎在伦敦一家帮助无家可归者的慈善机构从事的工作。统计数据令人震惊：居住在英国首都的每52人中就有1人无家可归，换句话说，伦敦的无家可归者超过17万人。但阿伊莎发现，当她把这些数字告诉别人（包括她最亲密的朋友）时，他们并没有意识到问题的严重性。即使是向政府决策者或慈善捐赠者展示这些统计数据，她也经常感觉到他们心不在焉，甚至无动于衷。

阿伊莎认为，问题在于他们无法从不同的维度去把握这个问题。遭遇这个问题的不仅仅是那些躺在市中心商店门口的不幸者。无家可归者的真实范围要大得多。许多无家可归者整日待在收容所里，或者通过沙发冲浪[①]在不同的家庭借宿，或者非法占用无人居住的房子。他们的问题各不相同。阿伊莎知道，对一个不知道自己每天要睡在哪里的人来说，保住一份工作、建立一段稳定的关系、抚养孩子和保持心理健康是多么困难。她每天都在工作中目睹这样那样的悲剧。她体验过他们的生活，感受过他们的烦恼，也理解他们面临的挑战。

根据科尔莫戈罗夫的复杂性理论，仅仅说伦敦有17万人无家

---

① 一个国际性的非营利网站。

可归是不够的。这是一个简短的解释，但它太短了。统计数据很重要，但一个数字无法反映所有无家可归者生活的复杂性。阿伊莎发现，实践证明，在试图说服政策制定者和潜在资助者更认真地对待这个问题时，专注于数据并不是一个成功的策略。

由于使用统计数据没有取得成功，阿伊莎有些沮丧，于是她尝试了另一种方法。当政策制定者再一次要求阿伊莎介绍她的组织时，她请曾经接受过帮助的一位女性杰姬讲述了自己的故事。

杰姬的困难来得毫无预兆。她原本有一份好工作和稳定的收入，享受着美好生活，喜欢周游世界。但失去工作后，她不仅付不起房租，还负债累累。她被赶出了公寓，从此居无定所，只能依靠朋友和熟人过活，她的全部家当都装在她的车里。她患上了抑郁症，医生给她开了抗抑郁药，但在失业仅6个月后，她就服药过量。她想结束这一切，而且差点儿就成功了。在那之后，她决定重新关注并积极生活。明年会不一样的，她对自己说。在阿伊莎所在组织的帮助下，杰姬找到了住处，以及一份临时工作。尽管她的物品还放在仓库里，她仍然欠着债，但她现在知道如何去克服困难。她的未来是光明的。

杰姬说完后，政策制定者问阿伊莎，他们应该如何帮助其他像杰姬那样的人改善处境，如何帮助他们鼓起勇气并迈出下一步。阿伊莎说，每一个无家可归者的经历都是独一无二的，单凭个人的坚强品质不一定能够渡过难关，外部的帮助、建议和关怀对无家可归者至关重要。在杰姬的例子中，她在服用过量药物后得到的帮助是扭转局面的关键。其他无家可归者需要不同的帮助。使情况发生转变的原因，有可能是阿伊莎或她的同事找那个不友好的房东谈话了，还起草了一份欠款协议，也有可能是他们给了某人一个工作机会、一盒抗抑郁药物，或者对其进行了一次心理辅导。阿伊莎谈到了反馈循环：人们陷入抑郁后，失去了家，然后抑郁加剧，很难摆脱。孤立的人在无家可归或不得不搬到其他地方去寻找容身之所时，问题就会加剧。种族隔离也是一个问题：移民很难获得帮助，也没有人给他们指出正确的方向。

但不管阿伊莎说什么，政策制定者在见过杰姬后把他们的关注点都放在了她身上。他们问，他们要如何鼓励其他人以杰姬为榜样，像她那样做出改变？

阿伊莎备感沮丧。虽然杰姬讲述自己的故事取得了非常好的效果，但她的故事只是 17 万个故事中的一个。在报告结束后，潜在资助者似乎认为，只要激励无家可归者像杰姬那样想办法克服困难，就能解决问题。但这根本不是阿伊莎的初衷！一个故事并不能全面说明为什么阿伊莎和她同事的服务对于 1/52 的伦敦人如此重要。

每个人都有自己的难题，在 15 分钟的报告中讲述所有人的故事是不可能的。她想让大家了解这个问题的严重性：很多人都遇到了这种情况，每个无家可归者都需要不同方式的帮助。阿伊莎应该如何展现无家可归问题的广度呢？

就在这时，她有了灵感：讲述众多无家可归者的故事，让他们每个人都在她的听众心中播下种子。这样一来，他们的处境的复杂性就会在听众的心里悄然增长，就像他们听到杰姬的故事时一样。

阿伊莎从她见过和帮助过的各种各样的无家可归者中选择种子：失去工作的人，酗酒的人，关系破裂的人，旅行或军队服役归来后发现自己的生活已经面目全非的人。在思考如何讲述这些故事才会让所有人都能理解之后，她认为她必须对问题进行简洁、准确而全面的描述。

于是，阿伊莎又选择了3个人的故事：一个在女友离开后开始酗酒的保险经纪人；一个举目无亲，无法获得帮助的叙利亚难民；一个露宿街头20年，已经放弃希望的人。每个人的故事都能展现出无家可归者生活的某个方面。阿伊莎与一家小型电视制作公司合作，制作了一个视频来描绘无家可归者的生活，讲述他们的故事。镜头没有在其中任何一个人身上停留太长时间，影片不时深入这4个人的生活，间或展示这座城市的整体情况，以突出问题的严重性。视频既表现了单个元素，也展现了总体模式。

阿伊莎的新方法是科尔莫戈罗夫的复杂性理论的精髓。听众听到的关于某个人的信息越多，他们对故事的细节就越念念不忘。但是，如果给听众播撒的唯一种子是数据，我们就不能指望它们在听众的心中生根发芽。因此，表现复杂性的秘诀在于，找到个性化和多样性兼具的能引发共鸣的故事，然后让它们在目标受众的心中成长。在讲述我们想要传递的故事时，你不需要说出所有细节。

I, II, III, IV

暑期项目最后一周的周一上午，帕克站在我们面前，在黑板上写了 3 个醒目的拉丁字母"I，II，III"，然后对坐在他旁边的克里斯笑了笑。克里斯写下了一个"IV"，完成了这个序列。

我们都知道会有特别的事发生。帕克把任务交给了克里斯，克里斯会告诉我们马克斯谈到的秘密。就连亚历克斯也准时来上课了，帕克的课他大多没听（因为他有"更有趣的事情要做"）。他的旁边坐着马克斯，马克斯几乎抑制不住自己的兴奋。马克斯的旁边是鲁珀特，他也在努力掩饰自己的兴奋。玛德琳和安东尼奥坐在后面一排，他们在过去的几天里形影不离。

我坐在教室中央，紧挨着埃丝特。扎米亚和我们隔着两个座位。她每节课都会安静地用彩笔做笔记，今天也不例外。我可以看到她在笔记本某一页的最上面写着跟黑板上一样的"I，II，III，IV"。

克里斯说，这几个罗马数字代表斯蒂芬·沃尔弗拉姆提出的 4 种类型，他是第一个彻底研究我们在计算机实验室使用的初等元胞自动机模型的人。沃尔弗拉姆猜测初等元胞自动机可以产生 4 种类型的行为：（I）稳定行为，（II）周期行为，（III）混沌行为，（IV）复杂行为。

我们在课上已经看到了许多关于第一类、第二类和第三类行为的例子。克里斯让我们回想一下几周前他在计算机实验室提到的例子。一连串的 1 像多米诺骨牌一样从左到右依次变成 0，以及共和党人（1）和民主党人（0）分别聚集在东西海岸，都属于第一类模式：稳定，不会发生变化。埃丝特创造的由 1 和 0 组成的棋盘（见图 2-6）属于第二类，就像我在计算机实验室里创造的分形

第 4 章 复杂思维　　213

一样（见图 3-4）。其他元胞自动机产生的是随机模式（见图 3-5），在埃丝特的帮助下，我已经证明了它们会产生不可预测的形状，因此是第三类。帕克补充说，他向我们展示了许多第一类和第二类系统的例子，比如捕食者–猎物循环、引爆点和社会流行病的结果。他还向我们展示了洛伦兹系统，让我们的旅程进入了第三个类型，即混沌。

克里斯说，接下来他要向我们展示一个特殊的初等元胞自动机，它的规则可以写成这样：

111　110　101　100　011　010　001　000
　0　　1　　1　　0　　1　　1　　1　　0

和前文中一样，这条规则显示了如何根据上一行中紧挨着的3个元胞确定下一行中的元胞，这种方法与我在计算机实验室里研究它们时使用的方法相同。

"这条规则看起来和其他规则很像，"他说，"但正如我们接下来将看到的，它很特别。"

克里斯给我们看了一个动画：一开始，在顶部的一排白色（0）元胞中只有一个黑色（1）元胞，随后一排排元胞依次填满了屏幕。我们在计算机实验室里看到的元胞自动机会向左右两边扩散，而现在这个只向左边扩散。一堆小三角形向外侧移动，它们的后面是更加规则的波浪状图案。随后，波浪状图案被另一堆小三角形打破（图 4-1a）。

克里斯仿佛把展示元胞自动机的过程变成了逛动物园。根据

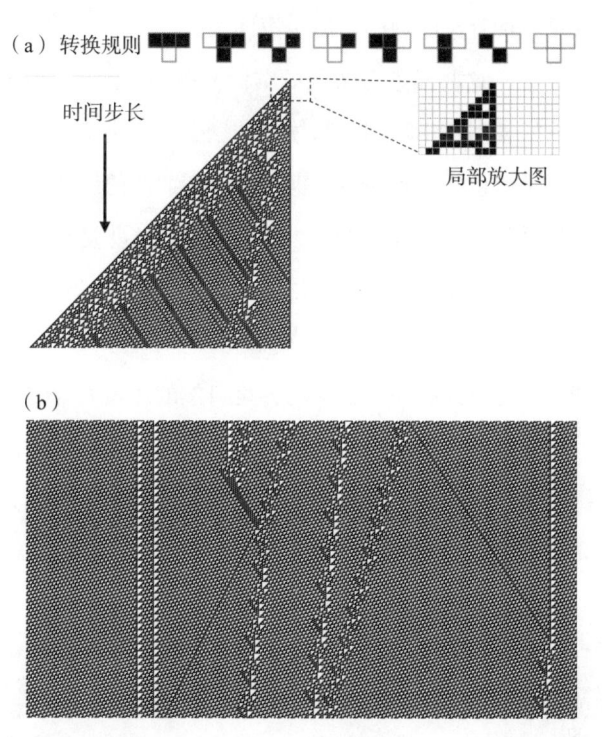

图 4-1 （a）产生复杂图案的初等元胞自动机。（b）在元胞自动机中看到的一些结构

最初的设置，元胞自动机会创造出竖线、以不同速度移动的杂乱三角形结构、从一边移动到另一边的实线，以及在无数小三角形当中相互作用的一些奇怪而美妙的结构（部分结构如图 4-1b 所示）。当两个结构相遇时，它们会演变成另一个结构，在小三角形的海洋中游弋。如果再次与另一个结构相遇，就会再次变形。克里斯告诉我们，组合的方式无穷无尽，幻灯片只展示了其中一些例子。

克里斯向我们展示的规则既没有规律，也不是周期性或随机性的。这是一种复杂的规则，属于第四类。

克里斯说，这些线条和弯曲的结构被称为"涌现"（emergent）模式。最初的相互作用规则（紧挨着的三个元胞决定下一排的元胞是黑色的还是白色的）很简单，但这些弯弯曲曲的结构有它们自己的生命，似乎与最初的规则无关。克里斯说，这些复杂的结构是从简单的局部相互作用规则中涌现出来的。

克里斯告诉我们，沃尔弗拉姆假定所有过程（无论是生物的还是物理的，是个人的还是社会的，是自然的还是人为的）都可以被归为他在初等元胞自动机的计算机模拟中观察到的四类行为中的一种。沃尔弗拉姆认为，最重要的是最后一类，即第四类。

克里斯声称，发现和描述初等元胞自动机的涌现模式，是我们理解复杂性缺失的一环。科尔莫戈罗夫认为，系统的复杂性取决于生成它的规则，但他没有足够强大的计算机，无法研究规则和模式之间的关系。因此，他没有意识到，有些现象虽然看起来很复杂，但实际上（根据他的定义）很简单。沃尔弗拉姆完成的正是这项工作。他研究了不同的规则如何导致不同的模式，还记录了元胞自动机所能产生的丰富多彩的结构。

克里斯说，沃尔弗拉姆假设所有生命本身都是类元胞自动机规则的产物。生物性生命，连同其所有的扭曲、旋转的动态结构，可能只是一个不断更新的简单规则的产物。只是我们还不知道这个规则，甚至我们的思想和意识也可能是从这种简单规则中涌现出来的。

"你相信吗?！"安东尼奥喊道，听起来这个想法让他很兴奋，

"你认为雨林只是一个简单的电脑规则产生的结果吗？"

"我只能说我不完全相信这个理论。"克里斯笑着说。

但他又说，初等元胞自动机中的复杂模式似乎处于完全随机和有序的边界上。他说，那天在实验室里，戴维给他看了初等元胞自动机的两个例子（见本书第3章的图3–4和图3–5）。其中一个构建了类似于分形的形状，即一种反复形成分支的结构；另一个则产生了一种完全随机的模式。我们在复杂元胞自动机中看到的模式介于这两者之间。他说，复杂性是在混沌和秩序的边界上产生的。

安东尼奥喜欢这个想法。他说，这与他在雨林深处工作时产生的想法一致。他认为亚马孙河在巴西低洼区域的支流滋养了植被，而植被又反哺了这些河流。雨林本身就是由不同生物组成的混合系统：植物上长着其他植物，昆虫以植物为食，螨虫寄生在昆虫身上，而微生物无处不在。他说，身在森林深处，他感受到了它的本质，那是一种包罗一切的简单。他说，这正是促使他成为一名理论生物学家的原因，他要找到描述这种感觉的公式。

这一次，就连玛德琳也没有打断安东尼奥的话。克里斯专心地听着。在安东尼奥说话的时候，他又启动了元胞自动机模拟程序。随着屏幕向上滚动，这个新规则生成的新模式填满了整个屏幕。

安东尼奥说完后，克里斯进行了总结。他说元胞自动机输出的结果与安东尼奥描述的雨林并不完全相同，但这是它自己孕育的"丛林"。他说，复杂模式有可能是从简单规则中涌现出来的。

生命的奥秘

沃尔弗拉姆的基本规则并不是第一个元胞自动机（CA）。20世纪40年代，斯坦尼斯拉夫·乌拉姆和约翰·冯·诺依曼首先提出了建立元胞网格再更新它们的想法。但直到20世纪70年代剑桥数学家约翰·康威提出了他的"生命游戏"，元胞自动机的研究才开始活跃起来。康威的元胞自动机是在二维网格上运行的（与沃尔弗拉姆使用的一维线性元胞不同）。每个元胞都处于两种状态中的一种，要么存活（黑色），要么死亡（白色），每个时间步长都会通过观察最近的8个元胞的状态，并应用以下规则来更新自己的状态：

1. 如果存活的元胞周围只有1个存活的邻居，则该元胞变为死亡状态（黑变白）。

2. 如果存活的元胞周围有2~3个存活的邻居，则该元胞状态不变（保持黑色）。

3. 如果存活的元胞周围有4个或更多存活的邻居，则该元胞变为死亡状态（黑变白）。

4. 如果死亡的元胞周围正好有3个存活的邻居，则该元胞变为存活状态（白变黑）。

5. 如果死亡的元胞周围有超过3个存活的邻居，则该元胞状态不变（保持白色）。

我们可以把规则1理解成孤独（没有足够的邻居）导致死亡，

规则3是过度拥挤（邻居太多）导致死亡，规则4表示相邻3个元胞的繁殖（在"生命游戏"中需要3个存活的元胞才能产生一个子元胞）。我很肯定，没有一个真正的生物系统会完全以这种方式繁殖，但这个模型抓住了生命的一些本质：孤独、拥挤和繁殖。

将这些规则应用于4个6×6元胞网格，结果如图4-2所示。在第一个示例中（图4-2a），第一步，6个元胞一开始看上去很健康。第二步，中间的2个元胞因过度拥挤（有超过3个存活的邻居）

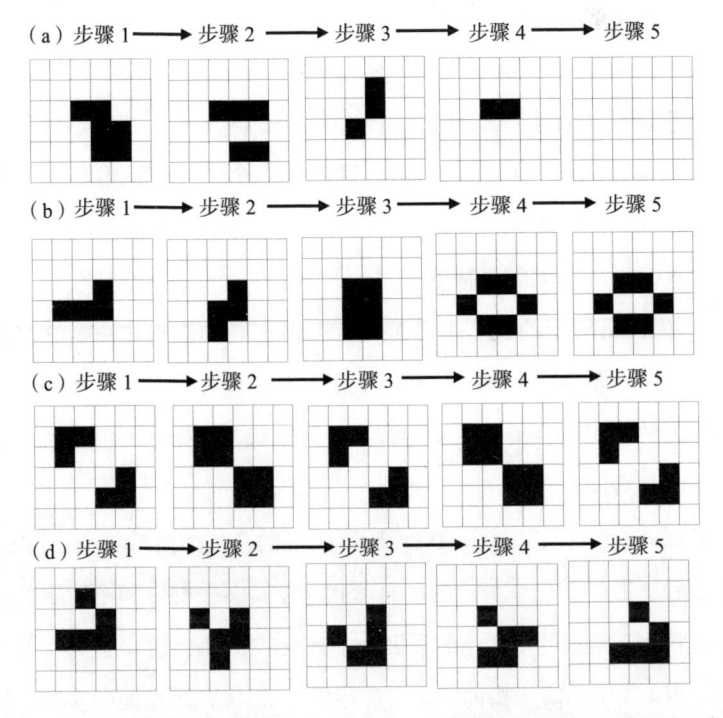

图4-2 "生命游戏"示意图。6×6网格上的结构呈现如下几种状态：（a）死亡；（b）以"蜂巢"的形状达到稳定；（c）周期性振荡；（d）以"滑翔机"的形状在网格上移动

第4章 复杂思维 219

而死亡，同时该结构的右上方添加了1个新的存活元胞（因为它正好有3个存活的邻居）。第三步，底部的2个元胞因为没有足够多的存活邻居，所以无法继续生存（规则1，孤独致死），而顶部的3个元胞的形状发生了变化。第四步，又一个元胞死亡。第五步，剩下的2个元胞死亡。最后形成了一个悲惨的局面：所有元胞全部死亡。

在图4–2b中，一开始它只有4个存活元胞，但它会成长为由6个存活元胞组成的长方形（第三步），然后形成元胞自动机爱好者所说的蜂巢并稳定下来：元胞排列成一个稳定的扁六边形。此外，它还会涌现出周期性振荡模式，如图4–2c所示。在这种情况下，这两组三合一存活元胞会分别产生一个子元胞，但在下一代中，子元胞因过度拥挤而死亡，因此再下一步又分别产生一个子元胞。这个循环会无限进行下去。

图4–2d所示的是"生命游戏"中最重要的结构之一。它之所以被称为"滑翔机"，是因为在经过4步后它会改变形状，并向元胞阵列的右下方移动。除非遇到另一种形状，否则这些滑翔机将继续朝同一方向移动。

图4–3展示了100×100元胞阵列上的"生命游戏"。在连续2步之后，形成了几个稳定的蜂巢形状，以及多个稳定和不稳定的其他形状。正是这些多样化的形状为这个"游戏"赋予了"生命"的名称。图4–3中的箭头指向一个"滑翔机"，它正在缓慢地向左下方移动，直到撞上一个稳定的方形结构，再开始朝阵列的右下角移动。

"生命游戏"中有许多复杂的结构。图4–4a的顶部展示了一种

步骤 1 ⟶ 步骤 2

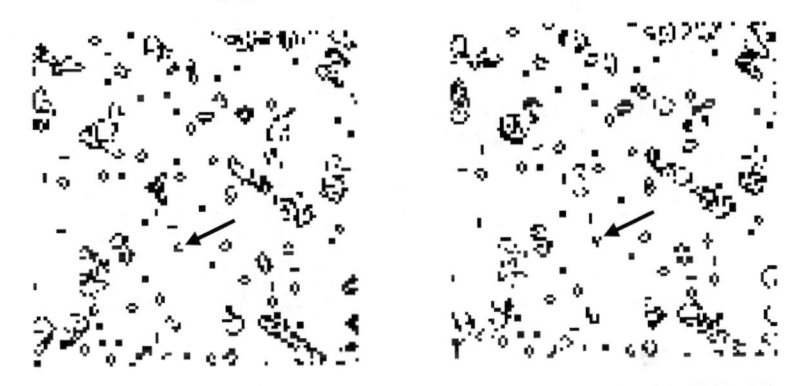

图 4-3 "生命游戏"示意图。在 100×100 网格上表现出各种各样的形状复杂结构,叫作"滑翔机枪"。滑翔机枪前后摆动,每 30 步发射一个新的滑翔机,朝空白处运动,并作为输入流发送到其他结构中。例如,图 4-4a 底部有一个被元胞自动机专家亲切地称为"牛仔"(Buckaroo)的结构,它吸收一个滑翔机后会以 90 度角将其反射出去。

"生命游戏"产生的动态涌现模式的规模远大于最初的规则产生的模式。这个宽 36 像素、高 9 像素的滑翔机枪已经大于元胞之间的局部相互作用(在 3×3 像素的网格上)。滑翔机枪、牛仔和其他形状(元胞自动机爱好者将这些形状命名为蜂王、扇出、十五项全能反射器、分割器和换牌等)相结合,有可能产生更大的动态结构。

这些元胞自动机爱好者还用滑翔机枪、牛仔和其他形状来制造计算器和电脑。20 世纪 80 年代,戴维·珀金翰和马克·尼米科展示了用大约 50 个这样的形状构建的加法机,它在收到两个滑翔机输入流后,会输出它们的总和(如图 4-4b 所示)。滑翔机的作用

第 4 章 复杂思维 221

(a)

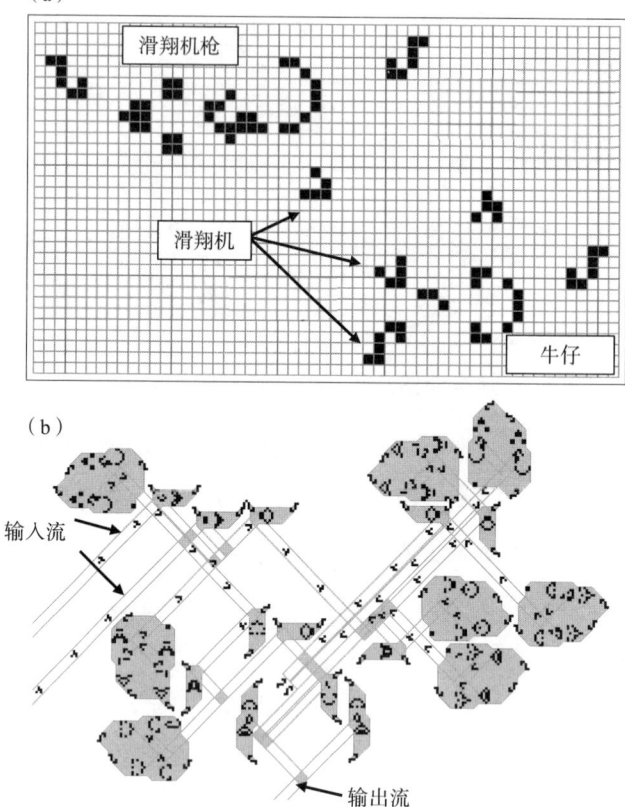

滑翔机枪

滑翔机

牛仔

(b)

输入流

输出流

图 4-4 "生命游戏"中更复杂的结构。(a) 滑翔机枪前后摆动,朝右下方发出一连串滑翔机。牛仔使滑翔机偏转方向,将它们发送到左下方。(b) 戴维·珀金翰和马克·尼米科加法机。两个滑翔机输入流从左边而来。黑色和白色表示元胞的状态,灰色阴影区域表示较大结构形成的形状。这个元胞自动机将输入加在一起,并在下方的输出流中输出总和。这些图改编自保罗·伦德尔的博士论文《生命游戏的图灵机通用性》,西英格兰大学,2014 年

是在不同形状之间来回传送信息。另一位研究人员保罗·伦德尔用元胞自动机制造了一台全尺寸计算机。

"生命游戏"只有两种可能的状态（"存活"和"死亡"），但元胞自动机通常可以有更多种状态。只要掌握一些基本的编程技能，你就可以构建自己的元胞自动机。在我教授的复杂系统建模课上，硕士生米凯尔·汉森创建了一个元胞自动机，他称之为"迷宫工厂"。元胞——我称之为骨（白色）、黏性（黑色）和液态（灰色）——遵循如下规则：

1. 如果骨元胞有4个或4个以上骨元胞邻居，则它的状态不变（保持白色），否则就会变成黏性元胞（白变黑）。

2. 如果黏性元胞有3个或3个以上骨元胞邻居，则它的状态不变，否则就会变成液态元胞（黑变灰）。

3. 如果液态元胞的8个邻居中有2个或2个以上是骨元胞，则它变成骨元胞（灰变白），否则就会保持不变。

图4–5展示了该元胞自动机通过3 000步构建的迷宫。骨元胞形成了两三个元胞厚的白墙，所有白墙都被一层黑色黏性元胞包围，白墙内有混杂在一起的白色、灰色和黑色元胞。这些元胞中的骨元胞会变成黏性元胞，黏性元胞会变成液态元胞，液态元胞又会变成骨元胞。结果就是产生一系列振荡的动态波，它们相互作用，形成混乱复杂的图案。

看完"生命游戏"或米凯尔的"迷宫工厂"，再看向窗外微风

第4章 复杂思维　223

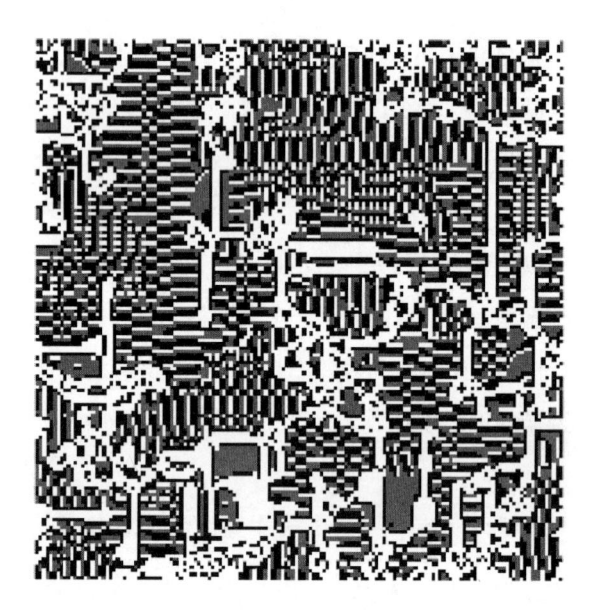

图 4-5 迷宫工厂。该元胞自动机有 3 种状态（白色、灰色和黑色），遵循上文中的规则，图中所示是它的结果快照。

吹拂的树木和在树枝间飞翔的鸟儿，我感受到了模拟与现实之间的联系。计算机和大自然都能展现运动的复杂模式，但大自然当然比"迷宫工厂"更深奥。树有深入地下的根系，由无数细胞组成，它们将微量营养物质运送至树的各个部位。鸟类的身体包含复杂的器官和大脑，前者执行重要功能，后者每时每刻都在处理信息并对众多信息源做出反应。但元胞自动机表明，至少我们在自然界中看到的一些复杂性可以归因于简单的相互作用规则。大自然中是否也存在类似的秘密？就像沃尔弗拉姆假设的那样，大自然是建立在这种简单规则的基础之上的吗？

最后一个问题仍然没有答案。很多科学家会争辩说，这个问题甚至不属于真正的科学研究的范畴。在一周中的大多数日子里，如果我没有看过"迷宫工厂"，也没有在美好的夏日来到户外，那么我可能会同意他们的观点。沃尔弗拉姆的假设太含糊不清了，但正是一个与沃尔弗拉姆问题相似的问题，让博学多才的约翰·冯·诺依曼第一次对元胞自动机领域产生了兴趣。为了把他好奇的问题变得更加具体，他给自己设定了一个挑战：寻找能自我复制的自动机，即一个能产生子系统，而子系统又能继续产生子系统的系统。冯·诺依曼认为，自我复制是生物性生命的标志，在计算机中找到自我复制系统有助于解释生物组织的根源。

圣达菲研究所的克里斯·朗顿[1]通过建立自我复制环，部分解决了冯·诺依曼的问题。朗顿的元胞自动机有8种状态，每个元胞根据它最近的4个邻居（上、下、左、右）的状态和它自己的当前状态不断更新状态，总共有219条规则（"生命游戏"有5条规则）。朗顿环的初始形状如图4-6所示（步骤0），可以把它想象成一种蠕虫。所有的"2"可以看作"皮肤"，包围着由"1"构成的内核。内核里面的"7 0"和"4 0"元胞对类似于遗传密码。它们通过蠕虫向下传播，告诉它在复制形成新蠕虫时转到哪个方向。

环的自我复制过程如图4-6所示。在第70步到120步之间，环变大了，在第151步，第一个环产生了一个子环。之后，这两个环会继续产生更多的子环。初始环在它的当前位置上方生成一个子环，子环则在右侧生成一个新的子环。随着时间的推移，环的数量

---

[1] 朗顿是本书刻画的圣达菲研究人员克里斯的人物原型。1997年，我在暑期项目中认识了他。——作者注

不断增多，直到运行这个元胞自动机的计算机屏幕上充满了一系列环（见图 4-6 底部）。

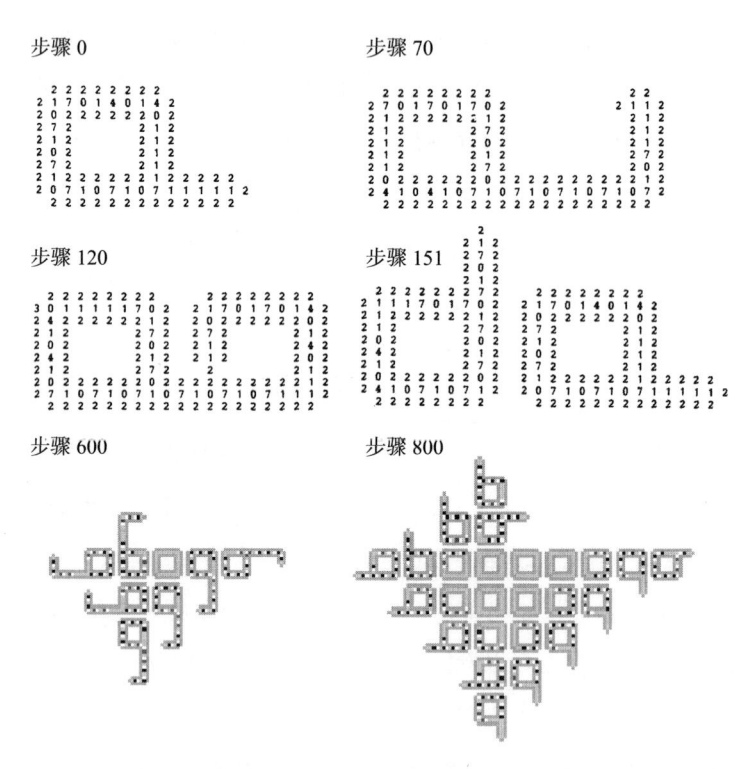

步骤 0

步骤 70

步骤 120

步骤 151

步骤 600

步骤 800

图 4-6　朗顿环元胞自动机。初始环如步骤 0 所示。每个数字代表元胞自动机的一种状态（如正文所述）。对于第 70 步、第 120 步和第 151 步，元胞的状态用数字表示；而对于第 600 步和第 800 步，元胞的状态用白（状态 0）或黑（状态 7）表示

朗顿创造了"人工生命"一词来描述他的研究：通过计算机模拟，复制生物性生命的各个方面。人工生命的研究方法多种多样，包括让小型计算机程序相互竞争计算机内存，构建人工化学并

通过数字之间的相互"反应"去构建更大、更复杂的数字，以及创造更高级的朗顿环（其中一些环之间甚至会发生性关系），但这个研究领域仍然有大量未解决的问题。我们可以从计算机模拟中看到复杂的形状，我们知道生物有很多复杂的结构。但到目前为止，科学家还没有找到这两种观测结果之间的密切联系。我们无法在计算机里创造出真正的人工生命。

然而，从许多方面来看，理解总体模式从个体互动中涌现的过程，成为科技的重要组成部分。当电影中想要创建人工景观时，无论是地球上的森林和山脉，还是科幻星球上的外星环境，他们都会使用三维分形。只需用几行计算机代码，就能制作出无数种不同的图案，模仿自然（和超自然）世界的轮廓。

一些业余爱好者接受了科尔莫戈罗夫的核心思想，竞相用最少的代码创建最复杂的景观。其中一位名为@zozuar的推特用户用电脑代码编写推文。这些代码均少于单条推文280个字符的限制，却生成了非常逼真的视频。图4–7展示了他的推文快照：树木、山林、云彩、波浪、古代和现代城市，它们的科尔莫戈罗夫复杂性都少于280个字符。

在过去25年里，通过描述局部互动规则来解释涌现模式的方法，成为各个科学领域的重要组成部分。我本人的研究表明，我们可以利用自驱动粒子再现动物群体的运动。每个模拟动物（粒子）通过吸引、对齐和排斥等简单规则与附近的粒子相互作用。这些模型可以用来再现夏夜千变万化的椋鸟群、田野上放牧的羊群、受到鲨鱼袭击而迅速逃逸的鲭鱼群，以及撒哈拉沙漠里的蝗虫群。其他

图 4-7 用少于 280 个字符的代码生成复杂图案的示例。@zozuar 在推特上发布的作品

研究人员使用类似的方法来描述癌性肿瘤的生长、胚胎发育、植物生长和神经元放电等多种生物系统。

利用模型解释系统组件如何通过相互作用来构建总体模式，这是自下而上方法的一部分。当我们通过两种类型的个体（例如，兔子和狐狸，感染者和易感者，知道食物在哪里的蚂蚁和不知道的蚂蚁，站立或倒下的多米诺骨牌，民主党人和共和党人，大喊大叫的人和没有大喊大叫的人）来观察互动思维时，就能洞见这种方法。这些个体相互作用的方式比较简单：相互影响，传播谣言，使彼此快乐或悲伤，激发或减弱彼此锻炼的积极性。

现在我们知道，这些自下而上的相互作用有可能涌现出更复杂的模式。我们通过描述鸟类、鱼类、树枝、细胞或组成系统的其他单元之间的相互作用，得到总体层面的结果。通过单个单元之间的局部相互作用自下而上地描述系统，我们可以在更高的层面上解释更复杂的模式。对鸟类个体自下而上的描述，有助于解释看上去很复杂的鸟群运动。对癌细胞自下而上的描述，有助于解释肿瘤的生长。

界限分明的社会现实

这种自下而上的方法不仅在生物学中得到了广泛应用，也是解释我们的社会生活的关键。我们都是自下而上体系的一部分，每个人都遵循自己的互动规则，我们社会的复杂性就是在互动中涌现出来的。

为了调查这种社会涌现，我们和詹妮弗一起去她所在大学的主图书馆看一看。今年早些时候，她注册了硕士课程。她觉得自己需要改变一下，她想加强学习，更新对生活的看法，赚更多的钱。但这意味着她不得不离开伦敦的朋友，去一个举目无亲的北部城市学习。

她上自习的阅览室大约建于150年前，很宽敞，吊顶离地面有3层楼高。图书一直堆到天花板，沿着过道就可以过去取书。房间里有7排桌子，每排13张，每张桌子前都有一把椅子，总共可以坐91人。

阅览室的规则是必须保持安静。高高的天花板，坚硬的木质桌面，再加上走道，即使是最轻微的声音，也会回荡于整个房间。

詹妮弗发出的每一个声响——开门、走进去、找到一张空桌子、拉出椅子、坐下、拿出笔记本电脑和书，都会发出令人难以忍受的刮擦声。她感觉到了周围那些努力学习的人的些许不满情绪，她的到来惊扰了他们。

对詹妮弗来说，在阅览室学习的好处在于它是一种承诺。她知道自己要在这里待上几个小时，而从这里走开甚至从包里拿出手机，都会发出过大的噪声。因为害怕打扰别人，所以她会长时间安静地坐在那里。其他人也是如此。在这种定格状态下，他们所能做的就只是工作和学习。

这种定格状态有一个非常特殊的结构。詹妮弗左右两边的座位都是空的，而距离更远的座位上有人。她那排坐了6个人，每两人之间至少隔着一个空座位。她后面的那个座位是空的，但它左右两边的座位都有人。她前面那一排也是如此，詹妮弗的左右对角线方向上都有人。如果我们从上面俯视，就会看到这些座位构成一个不完美的棋盘，大多数同学旁边的座位上都没有人（图4-8）。

现在让我们考虑自下而上的个体规则，正是这些规则导致了这个不完美的棋盘。第一个进来的学生可以随便坐，通常后面的座位比前面的座位更受欢迎。但一开始学生们通常会任意选一个座位坐下，正是这些初始位置导致了棋盘的不完美。例如，图4-8中的学生2走进房间的时间稍晚于学生1。学生3选择坐在学生1前面的对角线位置上，因此当学生4到来时，他只能妥协，要么坐在学生2后面，要么坐在学生3前面（他选择了后者）。

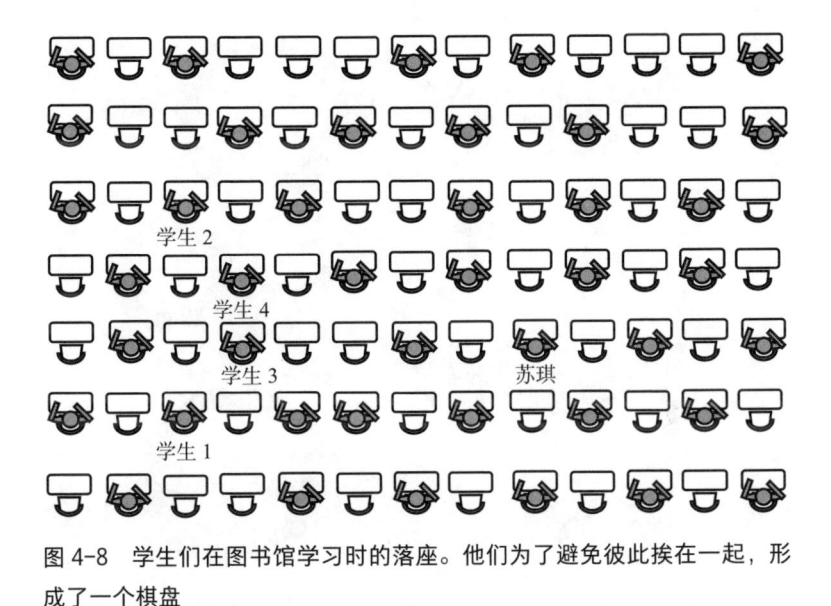

图 4-8　学生们在图书馆学习时的落座。他们为了避免彼此挨在一起,形成了一个棋盘

　　阅览室这种总体落座模式是一种保持社交距离的定格状态,这对我们来说都很熟悉。它不仅限于图书馆,还会出现在公共交通工具(在几乎空无一人的公共汽车上,你一般不会紧挨着陌生人坐下)、教室、咖啡厅等其他公共场所。这也是社会互动规则的涌现特性。虽然我们避免坐在陌生人旁边,但没有人明确说在图书馆应该按不规整的棋盘那样落座。于是,模式就这样涌现出来了。

　　詹妮弗开始注意到她周围经常出现类似的涌现模式。下午4点从一群放学回家的青少年身边经过时,她看到他们排成V字形,5人一组,中间那名青少年走在最后(图4-9a)。这种结构便于孩子们相互交谈,只要身体内倾,每个人都可以参与谈话。3~5人一组相对稳定,但7人一组在人行道上就会占用过多空间。而且群体

第 4 章　复杂思维　　231

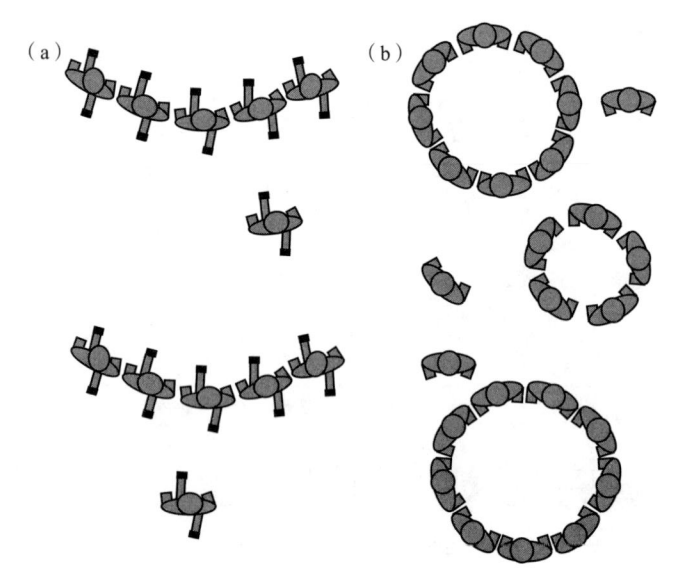

图 4-9 （a）走在回家路上的学生。（b）封闭的群体圈

过大的话，处于外侧的人也很难参与交谈。因此，在某些情况下，会有一两人脱离群体，独自行走。群体更大时，孩子们都想往中间挤，最后群体被打散成一个一个的小群体。

处于V形结构边缘的学生必须竖起耳朵，才能听到其他人在说什么。不仅如此，她还必须避免这群人撞到迎面走过来的老年人。由于觉得自己被群体疏远了，最外面的那个女孩最终离开了队伍。她看向群体中心的那个女孩，看到所有人都侧着脸听她说话，她心中的孤独感加剧了。

我们都愿意去图书馆的阅览室，是因为我们想要一个安静的学习空间。但上课时詹妮弗也体验到了类似的距离感，就像在放学回家的路上从人群中脱离的那些孩子一样。在教室里落座时，詹妮弗总会和同学之间隔一个空位，有时甚至会隔两个空位。其他学生也和她保持着距离。就算詹妮弗想靠近一点儿，其他同学选择的座位也会让她产生一种无法逾越的距离感。课间休息走出教室后，她注意到其他学生站成了一个封闭的圈，而她只能孤零零地站在那里（图 4–9b）。群体成员站成一个紧密的圆圈，可以尽可能地缩小彼此之间的距离。但是，詹妮弗被排除在外了。

集体模式（比如，教室里彼此分开坐的同学，围成一圈的朋友，排成 V 形的青少年）会让我们认为，模式反映了我们作为个体对世界的期望。但通常情况下，事实并非如此。从放学回家的队尾脱离，可能会让她觉得自己是世界上最孤独的人，但其他孩子并非有意把她排除在外（没有这个必要）。

这些 V 形及类似结构可能很好地反映了青少年的社会等级：最受欢迎的孩子在中间，第二和第三受欢迎的孩子在她的左右两边，以此类推。但是，一起走路时涌现的结构夸大并强化了这种等级关系：最外侧的人必须比中间位置上的人付出更多努力，才能参与谈话，而且最有可能脱离队伍。V 形结构放大了外侧成员的不安全感。我们通常为了方便或高效而创造的这些物理结构，有可能形成社会界限，而且其强度常常远超群体成员的预期。

圣诞节那天，詹妮弗回到伦敦参加一个大型派对，她的一些朋友也参加了。假设 100 个人分成 9 组，在晚饭前边喝酒边聊天，总共有 60 名男性和 40 名女性。再假设约翰和另外 2 名男性、7 名女性（图 4–10 步骤 1 中的 A 组）站在一起，他们在谈论《欲望都市》的续集《就这样》。约翰有点儿无聊，所以他礼貌地找了个借口走开，并加入了D组。这个小组有4男3女，正在谈论足球，约翰认为自己对这个话题很了解。索菲在C组，其中男性占2/3，他们正在谈论比特币和非同质化通证（NFT）。索菲不喜欢这个话题，所以她离开C组并加入了邻近的F组，这个小组的男女比例更均衡。图4-10的步骤1展示了约翰和索菲的行动。

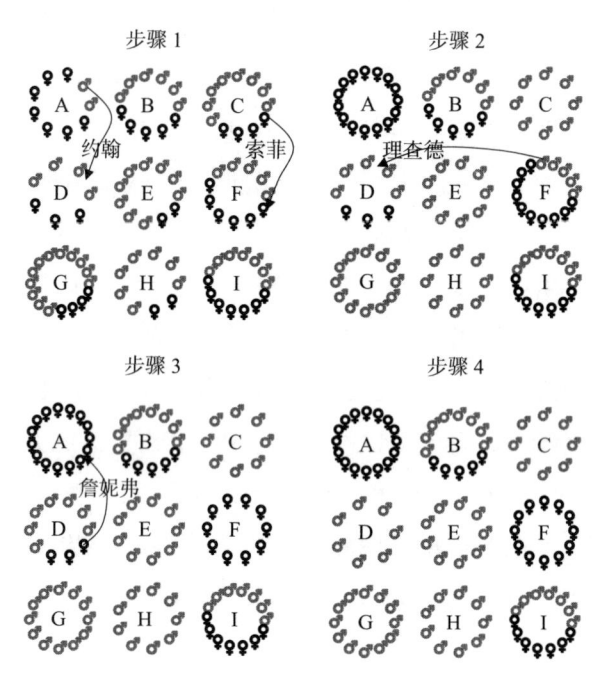

图4-10　办公室聚会模型。60名男性和40名女性被分成9组。如果小组中女性成员超过2/3，则男性会离开，并加入男性占多数的小组。同样，如果小组中男性成员超过2/3，则女性会离开，并加入女性占多数的小组。图中的步骤展示了小组成员的性别结构随时间的变化。图中出现的名字指正文中描述的人物

约翰和索菲的决定改变了他们离开和加入小组的性别结构状况。索菲加入了F组，还有几名女性从其他以男性为主的小组来到了F组，因此F组现在有超过2/3的成员是女性。这个组里的男性成员觉得同性别的人太少，因此他们决定加入其他组。比如理查德，他加入了约翰新加入的D组，如图4-10的步骤2所示。理查德和另一个人来到D组，导致该组现在有6男3女。D组的詹妮弗认为自己远道而来并非为了谈论阿森纳势不可当的竞技状态，因此她决定离开并加入A组，去谈论她最喜欢的新电视剧。步骤3展示了詹妮弗的这个行动。至此，有5个小组全是男性成员，2个小组全是女性成员，而只有2个小组既有男性成员又有女性成员（步骤4）。

虽然我在图4-10中从个人角度去描述人们的行动，但他们的行动其实是由一个数学模型决定的。在这个模型中，他们都遵循同样的规则。具体来说，如果某个人发现小组中只有1/3或更少的人与自己是同一性别，那么他会随机选择一个自己的性别占多数的小组。相对而言，这是个人的一种弱偏好（每个人都乐于成为少数群体），但在所有人都换组后，大多数人都在全员男性或全员女性的群体中。

起初，当詹妮弗看到最后形成的这些小组时，她不由得认为男性和女性都不喜欢和异性交谈。但随后，她更仔细地思考了他们的局部互动是怎样产生总体结果的。她知道她的朋友们不想形成性别隔离的群体，这只是从每个人的决定中涌现出的模式。例如，可以事先制订计划，将所有人分成9个小组，每组包含6~7名男性和4~5名女性。这样，每个小组都至少有占比1/3的男性和占比

1/3 的女性，并且每个人都对自己所在的小组感到满意。詹妮弗开始考虑有没有其他办法。例如，她可以拉着 3 名女性朋友一起加入一群男性朋友。这样就能让小组的性别结构保持平衡，每个人都有参与感。

社会结构从个体的互动中涌现，这为我们解决复杂性问题找到了捷径。在理解群体层面或更广泛的社会范围内的模式时，我们不应该局限于模式本身，还应该从个体行为的角度去理解。个体行为通常比我们从总体上看这个结构时表现得更简单（有时甚至是无意识或不假思索的行为）。按照科尔莫戈罗夫的定义，青少年的社会等级或伦敦聚会上的社交网络并不像我们最初想象的那么复杂。一旦确定了互动规则，就能做到化繁为简。

这条经验教训为所有人赋予了一种责任。如果你是一个有影响力或受欢迎的人——要么因为你在工作中扮演的角色，要么因为你的社会地位，你就要好好想想，防止有人因为物理位置而被你拒之门外。不要和朋友站成一个封闭的圆圈，别人将会无法加入。和别人一起走的时候留意身后，看看是否有人独自行走。上课时，偶尔挨着你不认识的人坐，和他们聊几句。我们的互动，无论是不经意的行为还是集体行为，都会在我们之间形成清晰的界限。看看界限在哪里，想办法弱化它们，这是你的责任。

人因他人而成其为人

我们使用的规则会随着我们经历的社会结果而改变，这使我们的社会生活变得更加复杂，因为复杂性会层层叠加。

就像道家的阴阳观念是一种区分秩序和混沌的有效方式一样，非洲许多地方都知道的乌班图（Ubuntu）传统价值观，可以帮助人们看清这种层层叠加的复杂性。乌班图价值观可以概括为"人因他人而成其为人"。它是一种人文主义哲学，作为后种族隔离时期南非真相与和解委员会的指导原则之一而在西方广为人知。大主教德斯蒙德·图图在他的演讲《没有宽恕就没有未来》中这样评价乌班图：

> 只有当你尽你所能，我才是真正的我。愤怒、怨恨、积怨会侵蚀和败坏至善，破坏非洲社会和谐世界观的伟大利益，侵蚀最重要的东西。宽恕不是利他，而是自利的最佳形式。你知道当你遇到交通堵塞时，当你怒吼"怎么能让那些白痴开车呢？"的时候，你的血压会发生什么变化吗？宽恕不仅对你的精神健康有益，对你的身体健康同样有好处。

在图图举的例子中，交通堵塞是一种涌现结构，源于我们下班后想要回家的愿望。人类种族隔离也是一种涌现结构。这并不是说种族隔离和交通堵塞是同一种问题，而是要认识到，在这些例子中，我们不能清楚地将个人与社会结构分开。

图图强调宽恕与和谐，但乌班图价值观不仅限于此。它是一种深刻的理解，认为从我们与他人的互动中就可以看出我们是什么样的人。前文告诉我们，不能看到一群男人在聚会上聊天就断言男人只想和其他男人说话，不能看到有个孩子走在群体最后就认为所有人都不喜欢她，也不能看到上课时所有人都分开坐就认为我们绝不应该挨着不认识的人坐。但并非组成这些结构的所有参与者都这么认为：喜欢谈论足球的男性开始寻找全员男性小组；回家路上被甩在后面的女孩开始认为自己不合群；在图书馆里坐不住的学生开始（错误地）认为学习不适合他们；陷入交通堵塞的人开始认为其他司机都是白痴。乌班图价值观强调我们是被我们所在的系统塑造成的。我们是人，但必须通过他人才会成为一个人。

当我们身处人群中时，我们最能意识到我们所处的社会环境可以反映出我们是什么样的人。2002年7月，流线胖小子的海滨音乐会吸引了65 000名听众。研究人员调查了其中一些人的感受。密集的人群（听众人数比组织者预期的要多出3~4倍）挤在潮水和舞台之间狭窄不平的海滩上，安保人员根本无法进入。对许多旁观者来说，整个局面似乎既危险又不确定，但观众却有不同的看法。在随后的调查中，身处最拥挤区域的听众报告说他们并没有感到那么拥挤，而且他们对演唱会的描述比旁观者更积极。归属感和社会安全感从他们的集体亲密关系中涌现出来。

如果我们纯粹从物理存在的角度去看待人群，让他们挤在一起就是不安全的。如果密度达到每平方米7人或更多，人群就会变成一股流体，其冲击波有可能长距离裹挟人们。每年都有200万到300万穆斯林前往麦加朝圣，在高峰期密度可达每平方米12人。这导致了几次灾难。2006年1月，363名朝圣者死于贾马拉特桥上的踩踏事件。9年后，尽管重建了部分线路，但灾难再次袭来，又有数千人因此丧生。

然而,就像流线胖小子的音乐会一样,朝圣者彼此之间有强烈的认同感,人群越密集,他们就感到越安全。这种感觉是有道理的,因为每个人都把人群中的其他人看成是自己的支持者。研究人员描述了虔诚的朝圣者之间的"良性循环"。他们寻找人员最密集的地方,那里的其他朝圣者对这种做法也有强烈的认同感。这也使他们感到周围都是"虔诚的穆斯林",进一步增强了他们的朝圣信念。

人群内部的身体互动本身就可以产生复杂的模式,比如小规模的V形行人群体(见图4-9a)及朝圣者和音乐会听众的大规模压力波。但是,人比台球复杂得多。群体中的个体之所以改变他们遵循的自下而上的规则,正是因为他们在群体中获得的这些感受。因此,从流线胖小子的音乐会和麦加朝圣中涌现出的模式不仅仅是一大群移动的人,还是一种新的社会认同感及一种与他人之间的联系。

参加过朝圣的穆斯林更加相信宗教间的和谐,也更加倾向于和平。研究人员没有对流线胖小子音乐会的听众做问卷调查,但很容易想象,多年后,如果两个熟人发现他们都参加了那场音乐会,那他们肯定会重温那段经历。身处人群之中,同别人挤在一起,共同面对潜在的危险,会给予我们一种伴随终生的共同感受。

正是这种共有的社会认同感使人们可以接受更亲密的身体接触,并让他们在人群中感受到积极的情绪。在萨塞克斯大学进行的一项研究中,安妮·邓普顿给一个班大约120名心理学专业的二年级学生发了一顶印有"萨塞克斯心理学"标志的棒球帽，提醒他们对这门课的共有认同感。然后，她和她的同事拍摄了这些学生从教室出发，沿着一条小路去参加下一个活动的过程。与一周前上完这门课后不戴帽子就离开教室的学生相比，戴上帽子的那些学生走得更近、更慢，形成的群体更大。他们之前是2~4人一起走，还有一些人独自走，而现在是6~7人一起走，占据了整条人行道。他们的社会认同感改变了他们的互动。

聚集的原因各不相同，比如宗教或教育因素、聚会等，但相互认同的人希望彼此更亲近，与此同时他们也更快乐。

下次身处人群中时，花点儿时间思考一下。想想你与你身边人的身体互动。想想你跟随别人、靠近别人或远离别人的简单行为。想想你身处人群中的群体认同感。想想你所在群体对那些没有加入这个群体的人和那些已经组成其他群体的人的影响。想想你加入和离开的群体受到了社会的哪些影响，以及它们是如何影响和改变社会的。想想你所在群体的发展史，以及未来它可能会如何塑造历史。最重要的是，你要认识到通过所有这些层次的社会互动，你才会"因为他人而成其为人"。

世界跟你开了一个玩笑

暑期项目的最后一周，克里斯向我们展示了数学模型可以从很多方面帮助我们理解生物界和人类社会。他强调，当我们在研究中创建现实的数学模型时，应以找到产生涌现模式的简单规则为目标。他提醒我们，没有任何模型是完美的，所以，每当我们建立计算机模拟程序或模型来解释自然现象时，我们都必须记住，现实肯定有许多方面是模型无法解释的。

"不过没关系。"他说，"作为科学家，我们的工作是利用模型来帮助自己。我们可能永远无法完全理解人类存在的复杂性，而你要做的就是找到系统中各个部分相互作用的简短解释。只有这样，你才能了解复杂性的本质。"

克里斯周五讲的最后一节课跟以往不同。他关上了向我们展示计算机模拟的笔记本电脑，开始在黑板上画图。他画了一个直角三角形，并在它的两条直角边上分别标了3和4，在斜边上标了x。

"现在，"他说，"我想让你们找出x。"

"简单！"马克斯抢在鲁珀特之前举手回答道，"答案是5。用毕达哥拉斯定理就能得出答案。3的平方是9，4的平方是16，把它们加起来等于25，然后取平方根，就可以得出5这个答案。"

"很好，"克里斯说，"但它不是我想要的答案……"

克里斯话音未落，扎米亚慢慢地从座位上站起来并走到黑板前，她指着黑板上的x大声说道："它在这里！"（见图4-11）

所有人都笑了。

克里斯说："没错，扎米亚。这就是我想要的答案——x在这里！虽然答案5是正确的，但你给出的答案更重要。不仅因为它有趣，还因为它跳出了体系，出人意料地出现在我的问题中。"

克里斯告诉我们，"x在这里！"是对这个问题的更深刻的回答。它可以告诉我们一些令人惊讶的东西和一些我们以前没有想过

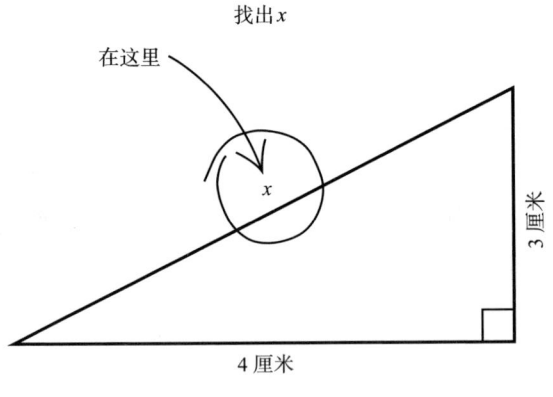

图 4-11 它在这里！

的东西。它打破了老师和学生之间关于如何使用 x、3 和 4 等符号或数字的默契。人类制定了只考虑数学问题的协议，这个协议只适用于数学课这个狭小范围。

他说："扎米亚肯定知道，这个笑话会让人想起奥地利哲学家路德维希·维特根斯坦的话。"

克里斯说，20 世纪初，费希尔和洛特卡在苦苦思索如何正确测量和描述我们周围的现象，几乎在同一时间，维特根斯坦则在寻找一个类似问题的答案：这个世界有什么是我们可以肯定的？1918 年，他在他的开创性著作《逻辑哲学论》的倒数第二段中，提到了他对这个问题的重要领悟：

> 我的命题应该通过如下方式起到阐明作用：任何理解我的人，在用这些命题作为台阶登上超越它们的高度后，最终应该认识到它们已经失去意义了。（一言以蔽之，在登上高处

之后,就必须把梯子扔掉。)

他必须超越这些命题,才能正确地看待世界。

以我们看到复杂的元胞自动机时安东尼奥的反应为例。克里斯说,他希望安东尼奥未来能创建他自己的雨林动态数学模型,去解释生态系统的特性是如何从物种间的相互作用中涌现出来的。这些模型是一架梯子,能让他从下往上爬,然后居高临下地观察系统。

元胞自动机和其他类似的模型就是以这种方式应用科尔莫戈罗夫的复杂性定义的。我们努力寻找能最大程度降低复杂性的解释。一旦有所发现,就说明我们对一种现象有了新的理解。

克里斯说,当生活和我们开"x在这里!"的玩笑时,我们都必须把x找出来。我们要跳出体系,领悟更伟大的真理,找到复杂性是如何涌现的。

"但是,"克里斯又提醒我们,"维特根斯坦的梯子和'x在这里!'的笑话还提供了另一个见解。"

那就是,在理解了集体模式是从个体互动中涌现出来的之后,我们应该如何应对。一旦我们看到了一种模式是如何涌现出来的,就超越了对我们正在研究的现象的理解。我们看穿了世界和我们开的玩笑,此时复杂的东西就变得简单了。

但这并不意味着复杂性消失了,它不过是随着我们改变视角而变换了形式。这就是为什么一旦我们登上高处,就必须心甘情愿地把梯子扔掉。模型本身并不重要,重要的是我们从中领悟到的东

第4章 复杂思维

西。一旦我们有了新的理解，就应该想办法进一步克服复杂性。复杂系统有许多个方面和错综复杂的细节，这是它们的本质，也意味着它们总是会抛出新的问题。我们永远不能满足于一种观点或一个洞见，而是要一次又一次地重新开始这个过程，对以前的尝试一笑置之，然后开始新的尝试。

只有认识到复杂性的巨大规模，我们才能开始探索它最深层的秘密。

对复杂性的探索永无止境

在本书中，我们创建了一些模型，包括：健康和幸福感模型，夫妻争吵和激励朋友模型，我们在生活中的选择所产生的混沌模型，以及我们在群体、人群和社会中看到的社会结构模型。通过这些模型，查理和阿伊莎找到了减少争吵的方法，理查德找到了更健康的吃甜食策略，詹妮弗也不再被孤立了。

但是……这些模型绝不是故事的结局。所有这些解决方案都带来了新的挑战。也许查理和阿伊莎因为停止争吵而不再像以前那样经常碰撞出火花呢？也许理查德经常指责他人无法控制自己的欲望，是不是有沾沾自喜的嫌疑呢？也许詹妮弗对社会结构的研究让她对孤立有了新的认识，从此把她的人类同胞看作更大的、无区别的整体中可以随意交换的点呢？

乌班图价值观、"x 在这里！"和维特根斯坦的梯子告诉我们，处理复杂性不仅需要找到正确的模型，还需要我们跳出模型，看看它们是如何改变我们的。对于我们在自己身上开的"x在这里！"之类的玩笑，我们要一笑置之，扔掉帮助我们登上高处的梯子，知道我们已经改变了，周围的人也改变了。

对复杂性的探索永无止境，并向各个方向不断深入。它拉升了我们的视角，让我们看到作为更大系统一部分的我们是如何相互作用的。现在，在本书快结束的时候，我们将转向相反的方向。在结束我们的旅程之前，我们要向内看，看看我们内心的复杂性。

复杂是常态

为了开启最后一段旅程，让我们回到1970年在尼斯举行的国际数学大会。

午餐期间，布尔巴基学派的几名年轻成员（他们都是法国的纯粹数学家）坐到了科尔莫戈罗夫的桌子旁。他们没有被他的报告说服，希望他能重新解释一遍。

科尔莫戈罗夫满足了他们的要求。他在餐巾纸上写下一个二进制字符串：

0000000000000

然后他说，这个字符串可以表示成：

"Write zero 13 times"（把0写13次）

语句本身并不比原始字符串短，但利用它很容易创建非常长的字符串。例如，在餐巾纸上写下 1 378 个 0 会占用很大的空间，而"Write zero 1 378 times"（把 0 写 1 378 次）这个语句就非常简洁。

周期性字符串也是如此。例如：

$$101101101101\cdots$$

它可以表示成：

"Write 101 a certain number of times"（将 101 写若干次）

我们要做的就是找出重复的部分，在这个例子中是 101，然后写下它重复的次数。科尔莫戈罗夫说，这就是他的复杂性度量的本质：重复的二进制字符串，或者任何呈现出某种模式且该模式可以用算法描述的字符串，其复杂性的值（可以用 K 来表示）都很低。

接着，科尔莫戈罗夫让他们想象一个最复杂的由 1 和 0 组成的字符串。根据他的定义，描述这个字符串时，只能描述它本身。例如，他在餐巾纸上写下：

$$0100100101110$$

然后他说，这个字符串有 13 位，所以它的长度是 13。它的 K 值也是 13，因为没有办法进一步缩短了。他说，他会问自己一个问题：这种字符串出现的频率有多高？在我们能写出来的字符串中，相比完整写出字符串，我们不能给出更简单解释的字符串有多少？

"这样的字符串一定非常少吧？"一名布尔巴基学派的成员猜

测道,"就大多数字符串而言,我们应该都能找到模式,不是吗?"

科尔莫戈罗夫的笑容更灿烂了。"嗯,布尔巴基学派的年轻人,如果你了解我,你就会知道,作为一位数学家,我的风格不是回答问题,而是知道如何提出正确的问题。而你的问题是错误的。我的假设正好相反:长字符串一般都是复杂的,因为我们没有办法缩短它们。"

为了说明他的观点,科尔莫戈罗夫在餐巾纸上写下了一长串 1 和 0:

10101011000100011100100000111100101110111000010 1

他说,他认为这样的字符串是他马上能想到的不能简化也不能缩短的字符串。他的假设是,只要字符串变得足够长,我们找到模式的概率就变成了零。

科尔莫戈罗夫认为这个假设是正确的,但验证它的工作是由瑞典的年轻研究员佩尔·马丁–洛夫(Per Martin-Löf)完成的。1964—1965 年,马丁–洛夫访问了科尔莫戈罗夫的研究实验室。他开发了一个复杂性测试程序,系统地尝试在不同大小的组块中寻找二进制字符串的模式。如果他的测试表明某个字符串无论如何拆分组块,都没有可识别的模式,按照科尔莫戈罗夫的定义,就证明它是复杂的,我们没有办法缩短对它的描述。此外,马丁–洛夫还发现,对于足够长的字符串(比如超过几百万位),无法缩短的二进制字符串要比可以缩短的二进制字符串多得多。事实上,几乎所有足够长的二进制字符串都不可能缩短。

科尔莫戈罗夫说:"这意味着复杂性是常态,而不是例外。如果 1 和 0 的字符串足够长,它们就几乎不可能缩短。"

我们无法简化的模式远远超过我们可以做出简单解释的模式。

我是谁?

"我是谁?"是一个很大的问题,也是大多数人在生活中的某个时刻会问自己的问题。一些人毕生都在努力寻找这个问题的答案,另一些人则尽力避免思考这个问题。然而,无论我们怎么做,这个问题始终存在。

要找到答案,一个可用的切入点是把我们自己想象成一串数字,然后用科尔莫戈罗夫的方法问问这个字符串有多复杂。这也是我们现在采取的方法。有没有一种方法可以用一个短语或表达式来描述你的本质?

你的大脑里有 860 亿个神经元,这听上去似乎是一个很大的数字,但实际上并不是。想一想大脑可以形成多少种结构,你就不会认为那是一个大数字了。神经学家经常提到的神经元放电,是对神经元互相发送电信号的简短描述。任何一个神经元都可能处于两种状态中的一种:开或关(放电或静止)。两个神经元有 4 种结构:两个都关;第一个关,第二个开;第一个开,第二个关;两个都开。用二进制字符串表示,这 4 种可能的结构分别是:

00, 01, 10, 11

如果有第三个神经元，就会有 8 种可能的结构：

000, 001, 010, 011, 100, 101, 110, 111

如果有第四个神经元，就会有 16 种可能的结构，以此类推。每增加一个神经元，可能的结构数量就会增加一倍。32 个神经元有 2 的 32 次方（约 43 亿）种可能的结构。

要找出我们头骨内所有可能的神经元结构，我们需要将 2 自乘 860 亿次。这是一个相当庞大的数字，相当于 10 的 259 亿次方。

即便如此，我们还是大大低估了其复杂性。虽然放电的是大脑神经元，但在神经元之间传递信息的却是数万亿的突触。所以，对大脑复杂性的正确估计至少应该是 10 的 100 万亿次方。想想这个数字写出来会是什么样子：1 后面跟着 100 万亿个 0。很简单，你无法想象你的大脑可能会有多少种结构。

有一种错误的观念认为大脑只有 10% 的部分得到了利用，据说这句话是阿尔伯特·爱因斯坦说的，但其实不是。后来，会弯曲勺子的"通灵者"尤里·盖勒开始兜售这一观念，并暗示大脑未使用的那 90% 或许可以赋予我们让小的金属物体变形的能力。当然，盖勒完全是在胡说八道。但我们的大脑确实只体验了很小一部分可能的结构。例如，假设你的大脑每百万分之一秒就会更换一次结构，再假设你能活到 100 岁，那么你的大脑至多能体验到 10 的 16 次方种结构。（100 年 × 365 天 × 24 小时 × 60 分钟 × 60 秒 × 100 万种结构：100 × 365 × 24 × 60 × 60 × 1 000 000 = 3 153 600 000 000 000，即 3.154×10^{15}，它小于 10^{16}。）

第 4 章 复杂思维　249

同样，10 的 16 次方听起来似乎是一个很大的数字，但如果我们把它除以 10 的 259 亿次方，以计算你的大脑实际使用结构的占比，就会发现结果小得难以置信。

$$\frac{10^{16}}{10^{25\,900\,000\,000}} = \frac{1}{10^{25\,900\,000\,000-16}} = \frac{1}{10^{25\,899\,999\,984}}$$

所以，在漫长的一生中，即使使用了 10 的 16 次方种结构后，你的体验仍然不能涵盖大脑所有可能的状态。

与詹妮弗不同，查理最近一直在思考自己到底是个什么样的人。詹妮弗把目光投向外部，考虑她与其他学生的社交关系，而查理则开始反思，试图了解自己是谁。他想知道从哪些方面能看清自己。他考虑到，如果他把人们对他说过的话，或者他在电影、广播或优兔上听到的话都写下来，会不会有所发现。他做了一个有根据的猜测——他每天大约可以听到 12 000 个单词，这个估计可能偏低了，但他只想有个大致的了解。每个单词平均由 5 个字母组成，每个字母可以编成 8 位代码（比如用 ASCII 码）。这意味着查理一共收到了 34 年 × 365 天 × 12 000 个 × 5 个 × 8 位 = 5 956 800 000 位的信息。

由于每个位都可以取值 1 或 0，这意味着 34 岁的查理可能听到的信息串大约有 2 的 60 亿次方种不同的可能。用十进制表示的话，大概是 10 的 20 亿次方。我们可以拿一个数据做比较，人们通常认为宇宙中有 10 的 80 次方个粒子，与 10 的 20 亿次方相比，宇宙中粒子的数量简直是九牛一毛。而且，这只是查理接收到的口头信息量。再加上他通过阅读、观察、听到的声音、闻到的气味、尝到的味道等渠道获取的信息，他潜在的生活经历包含的信息量还会成倍增加。

不管我们是从大脑的结构还是从经历的丰富程度认知自己，我们都需要一长串数字来概括这种描述。查理是一个由数十亿个数字组成的字符串。他的生活有无数种可能，而他只经历了其中一种。数学家称字符串的长度为维数，我们每个人都是一个数十亿维的物体。

正如前一章所描述的，科尔莫戈罗夫的复杂性理论告诉我们，绝大多数高维字符串都没有比写出它本身更简单的解释。这个结果是理论上的，但当我们把自己看作一个字符串时，就有必要将其记在心上。编码你大脑中的放电神经元和你的海量经历，所得到的字符串长达数十亿位。有没有一个简短的计算机程序可以再现人类个体呢？一个人有没有低维表示呢？

为了真正地了解自己，查理花了很多时间在网上搜索信息。一开始，他研究占星术。网上说，他的星座是巨蟹座，这解释了为什么他性格内向，在很多场合都感到害羞。但后来他认识了一个同事，和他同一天生日，却和他的性格几乎完全相反：那位同事总是笑嘻嘻的，爱开玩笑，是派对的主角。此后，他又有了一些类似的经历，于是他意识到占星术没有什么道理。

就在这时，查理发现一些在线人格测试（比如迈尔斯–布里格斯人格类型测验、DISC行为测评、大五人格量表）声称能让他知道自己是哪种类型的人。这些测试通常包括30~40个相关问题，例如，"看到别人哭你也会哭吗？"，"在社交场合，你会主动开口说话吗？"，"开始一个项目后，你会完成它吗？"，"你是个情绪化的人吗？"，"你认为思考哲学问题是浪费时间吗？"，"你倾向于跟着理智走还是跟着感觉走？"。

测试结束后，屏幕上会弹出一幅图，告诉查理他是什么人格类型。他最近完成的测试有5个类型（"外向型与内向型""直觉型与观察型""理智型与情感型""判断型与展望型""自信型与动荡型"），每个类型的得分都在1到10分之间。查理在外向型方面得了2分，在直觉型方面得了8分，在理智型方面得了4分，在判断型方面得了3分，在自信型方面得了6分。网站随后将他归类为内向型人格：内心充满活力，对文化有深刻的情感反应，但和其他人相处时容易害羞。

选定5种人格特征的测试测量了人的5个维度，也就是10的5次方（10万）种不同的可能分数，可以确保不会有很多人的得分相同。但与查理的数十亿种潜在多样性相比，5个维度是一个小到可以忽略不计的数字。

人格测试的维度（5）和我们人生经历的维度（数十亿）之间的巨大差异，意味着查理通过在线测试了解自己的本质注定会失败。我们的思想和经历的维数远远超过我们的自我测量的维数。科尔莫戈罗夫的复杂性理论表明，一个维度，甚至是5个维度，都不太可能准确地捕捉任何一个人的特征。所以，我们没有办法简化代表查理的那个字符串。

在线人格测试可能是一种有益的练习。但要充分利用它们，我们首先应该了解自身不可简化的复杂性。做这些测试有一个有效的技巧：认真思考答案的微妙之处。例如，查理在外向型方面得了2分，是因为他把"我主动交谈"或"我不怎么说话"之类的问题放到有人组织的社交聚会的背景下思考，而他并不喜欢这类活动。

当查理回答这些问题的时候，他不应该把自己放在聚会中，而应该放在其他环境中。他在工作中也会害羞吗？他和家人相处得怎么样？他对做报告有什么感受？他在Zoom视频会议上做报告时有什么不同的感受吗？他和朋友相处得怎么样？也许和朋友在一起时他的表达会更加自如？当和别人一起喝咖啡而不是喝酒时，如果其他人的声音很大并且主导了谈话，他会怎么办？他是否觉得谈论某些话题更自如，比如他非常熟悉的足球？也许他在闲聊时比较容易害羞，但在谈论工作或家庭时更容易敞开心扉？

内向型人格本身有很多方面，在不同的情况下会有不同的表现。为了理解我们自身的复杂性，我们必须在回答关于自己的问题时将这些方面表露出来。我们不应该天真地认为人格测试会帮我们缩小自我了解的范围，而应该努力理解问题本身是如何让我们展露自己的，以及如何让我们在不同的情况下从不同的角度看待自己的。

查理永远不会被简化为一个或几个指标，不管在线测试怎么说，也不管其他人怎么试图简化或归类他。同样，对别人进行归类，认为他们腼腆或自信、愤怒或痛苦、聪明或愚蠢、有条理或思维混乱等，都是很危险的。一个人的所有方面都会随着他所处的环境而改变。

"我是谁？"这个问题的答案是：你不是单一维度的你，而是有数十亿个不同的维度。

小场景中的生活

1970 年，在世界数学大会上做完演讲的那个晚上，科尔莫戈罗夫坐在房间里，思考他是谁的问题。

他的早年生活过得太快了。他回想起自己的天赋是如何被"发现"的，那一年 19 岁的他正在莫斯科大学读一年级。他的老师卢津教授，在课堂上演示数学证明时提出了一个特别的论断，并告诉学生他们可以检验这个论断的真假。科尔莫戈罗夫立刻看出卢津的论断实际上是错误的，并写出了一个反例。卢津备感震惊，他让自己最聪明的博士生之———帕维尔·乌雷松，去核实科尔莫戈罗夫的说法是否正确。结果证明科尔莫戈罗夫是对的。乌雷松因此十分欣赏科尔莫戈罗夫，并邀请他参加自己的高级课程。果然，这名年轻的学生发现了更多的教学错误，乌雷松不得不重写他的部分讲义。秉持着这种质疑一切的态度，在本科学习进行了两年后，科尔莫戈罗夫取得的成果不仅让他在莫斯科的同行吃惊，也震惊了国际数学界。

当时和现在一样，科尔莫戈罗夫不明白为什么别人并不总能看到他看到的东西。在他看来，几乎所有的莫斯科同龄人都比他更懂数学。他们会写出复杂的证明过程，有时甚至长达几百页，他很难完全看懂。但一旦他理解了，他常常发现证明过程可以大大简化。奇怪的是，当他把更简洁的想法说给老师们听时，他们很快就能抓住要点，还常常因为错过了这些"显而易见"的方法而自责。

这种模式使科尔莫戈罗夫认为数学能在琐碎和不可能之间达到平衡。他经常花几周或几个月的时间思考如何才能得出结果，然后换一个角度思考，使问题变得更加简单。正是他的这种改变思考角度的能力，使他的同龄人认为科尔莫戈罗夫是一个奇才，甚至是一个天才。但科尔莫戈罗夫本人并不看重他们的赞扬。上学期间，他更喜欢生物学和历史，而不是数学。他认为，一个真正的天才应该具备洞察现实世界的能力。作为20世纪20年代莫斯科大学的一名博士生，他觉得自己没有这种能力。

可能正是因为科尔莫戈罗夫缺乏现实世界的经验，所以1929年回到莫斯科大学的帕维尔·亚历山德罗夫——科尔莫戈罗夫的另一位导师——对他产生了深远的影响。回想起那段时光，科尔莫戈罗夫不太明白自己（当时他已经是博士研究生学习的最后一年了）是如何鼓起勇气请求伟大的亚历山德罗夫（他是第一个出国的苏联数学家）成为他的导师的。他只是在一个正式场合认识了亚历山德罗夫，他们曾在伏尔加河上同船旅行了几个星期。但在他发出邀请后，亚历山德罗夫欣然接受了。

在那次旅行中，亚历山德罗夫向科尔莫戈罗夫讲述了他与乌雷松在苏联和欧洲各地旅行的经历。亚历山德罗夫说，每天上午，他们都会在租来的房间里一起研究数学。1923年访问哥廷根大学期间，他们与现代数学之父戴维·希尔伯特一起参加下午的研讨会。到了晚上，他们与伟大的代数学家艾米·诺特及其学生（被亲切地称为"诺特男孩")一起,热火朝天地讨论数学问题。

最让科尔莫戈罗夫浮想联翩的不是德国数学家的故事,而是亚历山德罗夫谈到他和乌雷松一起散步和游泳的经历。他们徒步穿越了挪威,沿途上每看到一个海湾,他们都会下去游泳,无论海水有多冷。他们在阳光下躺了好几天,讨论数学,也讨论文学和音乐,还讨论普希金、陀思妥耶夫斯基、歌德、贝多芬和柴可夫斯基。

亚历山德罗夫特别谈到了1924年7月下旬的一个晚上,当时他和乌雷松住在巴黎索邦大学对面的一家经济型酒店。他们吃完晚饭回到房间,来到小阳台上。亚历山德罗夫说,在渐暗的晚霞映衬下,整个巴黎展现在他们面前,透过对面阁楼的窗户,他们听到有人在演奏贝多芬的钢琴奏鸣曲。

这种生活正是科尔莫戈罗夫向往的。阅历丰富的人生,上午研究数学,在大海中自由自在地游泳,还有诗歌、音乐、旅行、友谊……

亚历山德罗夫的故事对科尔莫戈罗夫的影响非常大,因为他知道,在巴黎那一晚的几个星期后发生了一件令人十分悲痛的事情。

1924年8月17日,乌雷松和亚历山德罗夫一起去了布列塔尼的巴茨岛,那是海边的一个小渔村。和往常一样,他们上午在租住的小屋里研究数学。由于沉迷研究,他们直到下午5点才去海里游泳,比平时晚了很多。当两位数学家蹚着水朝大海深处走去时,一种不安的情绪在他们心中滋生:现在下水真的安全吗?海浪拍打着岩石，而他们从早餐后再没吃过东西。

在最初的犹豫之后，他们互相看了看对方，深吸一口气，一头扎进一个不太大的波浪中，没入水面朝大海深处游去。浮出水面后，亚历山德罗夫发现自己与海岸的距离比他想象的要远。然后，一个巨大的海浪把他冲得更远。接着，又一个更大的海浪把他卷了起来，一路拉扯着把他送回了岸边。他回过神来，抬头一看，发现乌雷松脸朝下，以半坐的姿势漂浮在50米外的水中。亚历山德罗夫马上跳进水里，把他的朋友拖到海滩上。他试图使乌雷松苏醒过来，但为时已晚。没过几分钟，乌雷松就停止了呼吸，结束了他短暂的一生。

科尔莫戈罗夫意识到，对亚历山德罗夫来说，沿伏尔加河乘船而下的旅程，在某种程度上是在重温5年前他与乌雷松的冒险经历。让他感到荣幸的是，他逐渐赢得了普西亚（随着他们的关系越来越近，他这样称呼亚历山德罗夫）的信任。后来，亚历山德罗夫提议两人一起去哥廷根和欧洲其他城市，这让科尔莫戈罗夫异常兴奋。

那些难忘的旅行经历就像发生在昨天一样。科尔莫戈罗夫还记得当他解决了希尔伯特提出的概率的公理化定义问题时，希尔伯特的赞美令他无比兴奋，以及他与埃米·诺特晚上一起讨论数学、与其他著名数学家共进午餐时获得的灵感。两人穿越巴伐利亚的阿尔卑斯山脉，参观弗莱堡，在法国阿尔卑斯山的阿纳西湖里游泳，然后穿过马赛来到滨海萨纳里海岸。不过，虽然这些时刻很美妙，

第4章 复杂思维

但科尔莫戈罗夫觉得最美好的时刻还在后面。

1935年，他们在科马罗夫卡的一个小村庄买了一栋避暑别墅。科尔莫戈罗夫回想起当时他们快乐的生活：他们在莫斯科度过了3天，在科马罗夫卡度过了4天，有一整天都在从事体育娱乐活动——滑雪、划船和徒步。科尔莫戈罗夫回忆起在阳光明媚的3月，他们穿着短裤滑雪，每次滑4个小时。他们喜欢在冰刚开始融化的时候去河里游泳。河水冰冷刺骨，安德烈只能游很短的距离，但普西亚却能游得很远。滑雪时，情况则正好相反。只穿着短裤的科尔莫戈罗夫能滑很远的距离，令亚历山德罗夫不敢相信。到了晚上，他们经常和来访的学生和同行一起听音乐。

在运动过后的上午他们会从事研究。对科尔莫戈罗夫来说，那几年是高产期，取得了无数成果。一方面，这是他的纯粹数学研究的延续，但更重要的是，他将努力更多地放在如何将数学应用于日常生活中。具有讽刺意味的是，这些美好时光始于第二次世界大战中期。但是，就像他的许多同龄人一样，科尔莫戈罗夫醉心于战争带来的挑战，一心想将他的思想应用于现代战争中的复杂问题，比如火炮的有效性。

20世纪30年代，苏联在应用数学和统计学方面远远落后于西欧和美国。科尔莫戈罗夫决定着手改变这一现状。他如饥似渴地阅读统计学理论，包括费希尔的著作，将他自己对概率的抽象理解与这位剑桥统计学家的最大似然实践观联系起来。他研读了洛特卡关于捕食者–猎物模型的论文，并将其推广到生态系统中任意物种间的相互作用模型中。他启动了关于湍流的研究项目：溪水，水面上的波浪，船只穿过波浪时留下的尾迹，以及飞机起飞时空气扰动等的流速。当一艘船移动得很慢时，只有船两侧的水在流动，形成一种稳定模式。随着流速增加，船的尾迹中就会产生周期性波。科尔莫戈罗夫的贡献在于，他证明了在流速特别高时，涡流的大小是随机的，导致湍流难以预测。换句话说，他证明了船速的不断增加会导致稳定模式先向周期性波再向混沌转变（几十年后，年轻的斯蒂芬·沃尔弗拉姆在定义他的4种类型时，继承了这个想法）。

20世纪60年代初，许多苏联学者认为，在利用数学模拟物理世界方面，他们已经领先于美国同行。太空计划就是证据之一，他们还提到，科尔莫戈罗夫对湍流的理解比爱德华·洛伦兹将混沌理论应用于天气预报早了15年。比科尔莫戈罗夫年轻的一些同行声称，正是科尔莫戈罗夫第一次将确定性过程（物体在流体中向前运动）和随机性结果（物体尾流中产生的湍流）联系了起来。科尔莫戈罗夫对先前的论断不感兴趣，他评判科学文章的依据纯粹是它们是否改变了考虑问题的角度。玛格丽特·汉密尔顿和艾伦·费特为创建洛伦兹蝴蝶所进行的计算机模拟就带来了这样的变化。

正是视角的变化让科尔莫戈罗夫建立了现在的复杂性概念。他饶有兴趣地阅读了香农的信息论著作，但他更感兴趣的是模式的意义，而不是熵测量的不可预测性。事实上，当克劳德和贝蒂玩那个关于杰斐逊传记的猜字游戏时，他们所用的段落是从书中随机选择的。他们把这6卷书看成是无穷无尽的可供预测的字词来源，而不是对杰斐逊一生的有限描述。他们忽略了这部作品的意义，从来没有通读过全书。

第4章 复杂思维

在 20 世纪 60 年代之前，科尔莫戈罗夫的生活一直非常充实。此后他认为，生活的意义应该像他和乌雷松的友谊那样。亚历山德罗夫教导他珍惜每一刻，合理地利用时间。科尔莫戈罗夫在明白了每个行为都有意义之后，开始专注于他心目中最重要的事。在教导年轻人、老年人、中小学生和博士生的过程中，他收获了乐趣；在看到学生成功地解决了难题后，他感到自豪；在倾听了别人的生活、了解了他们复杂的情感后，他有了深刻的领悟；在读普希金的诗、听贝多芬的交响曲后，他理解了其中蕴含的深意；在湖中游泳时，他突然产生了只有在水里才能迸发的灵感；当说到与普西亚的友情时，他十分动容。

他从生活中发现的意义赋予了他敏锐的洞察力。如果他要分析杰斐逊的传记，或者托尔斯泰的《战争与和平》，或者普希金的诗歌，他不会像香农夫妇那样随机选取段落。他会读故事内容，了解散文结构，体会诗节韵律，他会找到这些作品蕴含的意义。

他意识到，意义只有在此时此地这个有限的世界里才能找到，关键在于我们如何描述一种情况。一个人的生命是有限的，他可以决定如何度过在地球上的这段时光。有些人会过着无聊的生活，从不旅行，也从不寻找更深层次的真理；而有些人的生活丰富多彩，他们总在尝试冒险，在学习或与他人互动。例如，乌雷松的一生虽然短暂，但他的生活充满了各种各样的感受和情绪。

现在已是深夜时分，他坐在尼斯的酒店房间里，看着床上的普西亚。在思考了一整天的数学问题后，普西亚已经疲惫不堪，躺在床上熟睡。他的故事很长，有很多转折，涉及多段友谊和诸多学术上的挑战。科尔莫戈罗夫认为，一个人的复杂性不在于他的抽象性或无限性，而在于他对自己生活的有限描述。一个人越复杂，我们就越难描述他。

无法用语言表达的解释

这是我们在圣达菲研究所的最后一个晚上，也是我们在这里的最后一次相聚。

我们约好在圣达菲市中心一个更安静、更时尚的酒吧集合。这与我们前几个周末去过的喧闹的夜总会和运动酒吧形成了鲜明对比。

我到的时候，帕克已经到了，他正在和扎米亚说话。所有人都坐在一张桌子旁，但他们俩与我的其他朋友（埃丝特、玛德琳、安东尼奥、亚历克斯、鲁珀特和马克斯）之间隔着一小段距离，两个人正在聚精会神地交谈。

我生怕自己错过了什么，于是问埃丝特："帕克在跟扎米亚说些什么？"我觉得还有可能学到更多东西，即使克里斯已经用"x在这里！"为暑期项目画上了圆满的句号。

她看着我。"你仍然认为帕克什么都懂，是吗？"她的微笑带着一点儿屈尊俯就的意味。"那就瞪大眼睛看着。"

于是，我专心地看着他们。我发现帕克什么也没说，自始至终只有扎米亚一人在说话。帕克几次想插话，而且他脸上的表情越来越沮丧，但扎米亚一直不停地解释着她的观点。

"可能只是一堆后现代主义的废话。"鲁珀特插嘴说,"难怪他生她的气了。哲学家到处说科学是错误的,他们一贯如此。他们还说数学并不比占星术或宗教更令人信服,他们以为'x在这里!'每次都能让我们大吃一惊呢。"

鲁珀特开始向其他人讲述艾伦·索卡尔最近在哲学界引起的轰动。索卡尔是纽约大学的一名物理学家,他在一年前(1996年)向学术期刊《社会文本》投稿了一篇题为《超越界限:走向量子引力的超形式的解释学》的文章。这篇文章包含了一个未经证实的说法,即"物理现实……本质上是一种社会和语言的建构"。接着,它讨论了心理分析的有效性已经被量子场论的相关研究证实,集合论中的等量公理可以在女权主义中找到类似的概念,以及量子引力具有深刻的政治含义。

该杂志刊发了这篇文章,但三周之后,索卡尔透露这实际上是一出恶作剧。他的目的是利用这篇文章来批评后现代主义的哲学运动。对索卡尔(和鲁珀特)来说,后现代主义是过于复杂的词汇和矫饰表述的混合物。索卡尔想要证明,科学术语有可能被用在人文学科中,并让读者相信一切皆有可能,即使并不存在物理现实这种东西。鲁珀特笑着讲述了这个恶作剧,还说索卡尔的文章揭露了后现代主义者的本质:传播伪科学的骗子。

鲁珀特最后说道:"与后现代主义相比,最近这几周的课程要脚踏实地得多。事实上,我必须承认,我从这个暑期项目中真的学到了一些东西。但我敢肯定,扎米亚说的东西有点儿过头了……"

扎米亚转过身看向我们,她显然已经和看起来有些沮丧的帕克结束了谈话。鲁珀特的声音传遍了整个酒吧,她很难充耳不闻。

"索卡尔投稿给期刊的文章只剩下傲慢了。"她转过身看着鲁珀特,"可悲的是,作为一个思想家,他缺乏严谨性。"扎米亚说,否认物理现实是可供研究的众多哲学立场之一。后现代主义批判的关键在于,始终质疑我们所做的假设,在陈述我们所知事物的时候始终保持谦虚。

鲁珀特嘲笑道:"所以你认为索卡尔比像维特根斯坦这样的哲学家更傲慢,因为他们会用梯子爬出房间以逃避所有责任?"

其他人都笑了,因为想起了这位奥地利哲学家说过的话。扎米亚也笑了,想了一会儿后,她小心地做出了回应。

她说:"这取决于你如何定义'傲慢'。有些人可能会认为你傲慢,鲁珀特。我们其他人是来这里学习的,而你来这里是为了消除你自己熟悉的理论世界所面临的危险。你一开始把帕克的课视为威胁,不过现在克里斯成了你的英雄。现在看到新的危险了,你又站出来保护他们俩。你似乎永远都不知道,复杂性始终比你想的要多上一层。"

鲁珀特有些窘迫,不知道该说什么。我环顾四周,发现帕克已经走了。起初,我以为他去点酒了,但现在我意识到,在扎米亚转身和我们说话时,他就直接离开了。看起来他不会再回来了。

埃丝特接受了挑战。"从某种抽象哲学的角度看,我相信你是对的,扎米亚。科学家的确是傲慢的,但必须承认,我们也会给出问题的答案。那天我们在研究所的时候,我就是这么跟戴维解释的。帕克不明白这一切,鲁珀特也不明白,但这并不意味着你怎么

第 4 章 复杂思维 263

说都行。"

扎米亚对埃丝特说道："我和帕克谈话正是为了解决这些问题。我告诉他我认为这里的课程缺少什么内容。他和克里斯还不清楚他们处理复杂性的方法有哪些局限性。"

扎米亚说，索卡尔的文章只是证明了某份科学期刊的审稿人可能会被一篇恶意撰写的文章所欺骗。真正的问题在于，科学家没有认识到他们的研究有一个更基本的限制：我们永远无法知道一个理论是否正确。同样，我们也不能确定我们是否找到了对一个复杂现象的最简单解释。许多科学家表现得好像能揭示物理现实的本质，但他们永远做不到，也永远不能确定……

"我看不出为什么不可以，"埃丝特回答道，"我要做的就是找到正确的算法或计算机代码来计算任何给定情况的复杂性。也许我现在不知道这个算法是什么，但最终我会知道，然后告诉你答案。"

"这就是你的问题所在……"扎米亚说，"复杂性是无法计算的！你永远也找不到那个算法，埃丝特。让我解释给你听……"

扎米亚重申，正如克里斯所说，利用简单规则解释复杂系统行为的方法有很多。但她也强调，科尔莫戈罗夫和马丁-洛夫已经证明，复杂的字符串永远无法简化成简单规则的例子更多。在理想世界里，正如埃丝特所说，我们会努力找到一种算法或方法，去辨别某个系统是真的很复杂（不能进一步简化），还是可以用更简单的方式解释。她说复杂性无法计算的意思是，可以计算任意给定字符串复杂性的算法或机器在逻辑上是不可能存在的。

扎米亚说她将用反证法来证明这一说法：首先假设该说法为

真，然后证明这个假设会导致一个我们知道不可能为真的结论。

扎米亚说，就目前的情况而言，我们假设埃丝特有一台机器，它可以计算任意给定字符串的科尔莫戈罗夫复杂性。我们再假设这台机器的代码有100万位。接下来，我们假设戴维让埃丝特找到一个有200万位且科尔莫戈罗夫复杂性是200万位的字符串，也就是说这个字符串的复杂性和它的最短描述一样。为了完成这项任务，埃丝特可以用她的机器逐个计算200万位字符串的复杂性，直到她找到一个复杂性正好是200万位的字符串。

"你怎么知道有没有这样的字符串呢？"鲁珀特问。

扎米亚回答道："她也许需要测试很多字符串才能完成任务。"她提醒我们，长度为 n 的二进制字符串一共有2的 n 次方种可能。这是因为字符串中的每个位都可以取值0或1。例如，长度为 $n = 3$ 的字符串可以取值000、001、010、011、100、101、110或111，一共有 $2^3 = 8$ 种可能。因此，埃丝特的算法需要检验2的200万次方个长度为 $n = 2\,000\,000$ 的字符串。虽然看起来不可能，但这在理论上是可行的（假设埃丝特真有一台可以计算科尔莫戈罗夫复杂性的机器）。埃丝特要做的就是再写一段代码，使她的机器可以处理每个字符串。正如马丁-洛夫所证明的那样，任意长度的字符串都可能是复杂的。最终，埃丝特会用她的机器找到一个200万位的复杂字符串，并把它交给戴维。

扎米亚说，戴维收到的字符串是自相矛盾的。一方面，埃丝特告诉戴维，它的复杂性 $K = 2\,000\,000$。另一方面，埃丝特的机器代码只有100万位，她却用这台机器生成了这个据说 $K = 2\,000\,000$

的字符串。根据科尔莫戈罗夫的定义，字符串的复杂性等于生成该字符串的最短算法。埃丝特的算法长度略大于100万位（她的机器代码长度加上检验所有字符串的那段代码的位数），这说明她生成的字符串的科尔莫戈罗夫复杂性 $K \approx 1\,000\,000$。鉴于此，戴维知道埃丝特肯定错了，她不能既说 $K = 2\,000\,000$，又说 $K \approx 1\,000\,000$。所以，她不可能有这样的机器！

我（和其他人）被难住了，但我可能在扎米亚的证明中发现了一个漏洞。"如果埃丝特的机器代码长度超过100万位呢？"我问。

"没什么区别。"扎米亚回答道，"如果有这样的机器，埃丝特应该能告诉你它的代码长度。想要得到一个自相矛盾的答案，你只要问埃丝特她的代码有多长，然后让她给出一个长度是代码两倍的复杂字符串就可以了。"如果埃丝特给出了答案，那么它肯定是自相矛盾的，因为这意味着字符串的复杂性几乎是生成它的机器的两倍！而根据科尔莫戈罗夫的定义，这是不可能的。即使埃丝特不知道她的机器代码到底有多长，只要这样的机器存在，代码就必须能容纳进她的计算机内存，换句话说，代码的长度必须是有限的。在这种情况下，戴维可以要求埃丝特生成越来越长的字符串，直到埃丝特陷入矛盾。

扎米亚说："这种矛盾产生的方式与我们使用的'难以名状'或'无法形容'之类的词语差不多。当我们想告诉别人我们的感受、我们多么感激他们的帮助、我们有多爱他们的时候，我们可以说自己的感受无法用语言来表达。"

扎米亚说，准确地描述另一个人就像用最简短的语言解释我们对他的感觉一样。在很多情况下，无论我们怎么努力，我们都找不到恰当表达自己想法的方式，于是我们说自己的感觉简直无法形容。但这本身就是对我们感受的一种描述，非常简洁。这就产生了和埃丝特的科尔莫戈罗夫复杂性机器一样的矛盾：我们用"无法描述"来描述一个人。

我们都陷入了沉默，消化着扎米亚的话。

然后，亚历克斯打破了沉默。"我告诉你们什么是无法形容的悲哀，那就是我们在圣达菲的最后一天就这样干坐着。我知道一家夜总会！我们去跳舞吧……一起去寻找刺激吧……"

越简短越深刻

让我们回到现代的伦敦。晚饭时间，阿伊莎一直在跟 9 位朋友说她拍摄的无家可归者的视频。

看完她展示的最终作品，贝琪问道："你真的认为你可以用一个短视频或几句话来概括别人的生活吗？"

安东尼笑着说："好吧，贝琪，如果让我用几个词来概括你，那就是'问问题的女孩'。现在也不例外。"

其他人都笑了，他们想起了贝琪不久前说过，做一个好的倾听者的秘诀就在于选择问题。

安东尼接着说："要概括我的话，就很容易。我是妮娅生活中所有混沌和爱（希望如此）的源头。"

"你肯定是。"妮娅微笑着说。她告诉其他人，最近几周，她终于承认自己"有点儿控制狂,现在终于学会放手了"。

"约翰,你和我很像,"妮娅说,"你总在我们身边,帮助我们回到正轨。让我们像篮球一样朝着你认为正确的方向弹跳。但你要知道,你偶尔也可以放开手……"

苏琪承认,她仍然是潮流的狂热追随者,但她最近追随的最好潮流是索菲的新健身计划。理查德表示同意,他慢慢地适应了其他人提倡的健康生活方式。虽然他仍然是一个"秘密的巧克力蛋糕瘾君子",但他下决心今后让自己的甜食消费量稳定下来。

"不过,说真的……"查理说,"我最近思考了一个问题,我们真的只是这么简单的人吗?"

"当然不是。"阿伊莎说。"我知道我们之间有些磕磕碰碰,但我们一直在努力寻找更好的沟通方式,减少争吵的次数。而且现在我已经意识到了,你是我的丈夫,你对我来说是独一无二的。我永远都不会改变你。"

10个朋友接二连三地轻声惊呼"啊!",然后安静下来。查理正在思考。

"谢谢你,阿伊莎。"他最后说道,"这些话表明你是如此关心身边的每一个人,成为你的唯一是所有人的奢望。"

"詹妮弗,你呢?"贝琪(又是她)问道,"你很安静。"

詹妮弗告诉其他人,一个学期的学习生活给了她一个从远处看人类社会的机会。在伦敦工作时,她觉得自己陷入了"每日通勤者"的角色。但现在她意识到,我们的角色变化取决于我们所处的社会体系。她可以把自己看作一个"永远的学生",一个总在寻求新知识的人。她说，她正在学习理解每一种情况的本质。

我们可以这样概括这群朋友：詹妮弗总在学习，妮娅是个控制狂，贝琪是个好奇的倾听者，诸如此类。在某种程度上，这些描述比我开始写这本书时列出的一系列数字（年龄、收入、喝了多少拿铁、是否喜欢吃腌黄瓜）要准确得多。这些描述更好地抓住了人的复杂性本质。我们的想法应该力求简单，同时也要允许从中涌现出更大的想法。

然而，我们最终也无法知道我们描述一个人或一种社会状况的方式是不是最好的。这也是扎米亚在圣达菲给我们上的一课。我们知道任何简短的描述都会遗漏细节，但我们不知道这些细节究竟有多重要。这些描述会随情境发生变化。无论是在工作中、在聚会上，还是独立思考自己的存在时，查理都是另一个人。就算是如此了解他的阿伊莎，也永远无法完全理解他的复杂性。

我们永远无法完全了解另一个人，也无法完全了解我们自己。

四种思维方式

听到自己内心的争吵、辩论、烦心事和自我批评时，会让人不知所措。为什么你的老板对你的态度和其他人不同？你为什么总是和兄弟姐妹吵架？生活中有那么多你想做的事情，为什么你总是坚持不下去呢？过去的你为什么没有做出更好的选择呢？将来的你会怎么做？你为什么会觉得自己没有朋友聪明呢，是因为他们中有人想让你觉得自己很蠢吗？为什么你的同事不能胜任他们的工作，而他们对此似乎毫不在意呢？为什么你那十几岁的孩子不听你的话？你的父母为什么牢骚不断？

当诸如此类的想法越积越多时，你就应该停下来想想你的思维方式了。你应该分析哪些思考过程是正确的，哪些会误导你。你要记住，生活中的问题数不胜数，但思考它们的方式只有 4 种。

第一种是基于数据的思考：这种情况发生在你和其他人身上的概率是多少？做好调查，收集数据。

第二种是基于互动的思考：你们彼此之间是如何回应对方的？想办法打破这种恶性循环。

第三种是基于混沌的思考：应该放手还是加强控制？如果你选择放手，就欣然接受随机性的结果。如果你掌握了控制权，就像准备登月一样制定完善的策略。

第四种是基于复杂性的思考。虽然我们可以用前三种思维方式来处理与他人的冲突，但请记住，我们都身处一个更大的社会系统中，例如家庭、职场和社会。我们就连自己内心深处的感受也常常无法完全理解。试着把每个人都看作一个独立的个体，找到最能恰当描述他们的词语。

塑造自己的思维方式，让它引领你进一步接近真理。但你也要知道，因为我们的复杂性都达到了难以形容的程度，总有一些事情是我们无法理解的。无须担心这个问题，你对此无能为力。相反，让每个人身上蕴含的多样性和神秘性来激励你。在其他人和你自己身上总有新的东西等待你去发现，利用你在这个世界上有限的生存时间不断探索，并享受其中的乐趣。

有价值的生活

对科尔莫戈罗夫来说，一周的学习应该从大家一起远足开始。

一辆从苏联政府借用的运输车在莫斯科接上了一群（10~12名）博士生，然后把他们送到了他心爱的科马罗夫卡避暑别墅。三明治已经准备好了。抵达的第二天，这群人就出发了，在周围的乡村开始了远足。

科尔莫戈罗夫会和每名学生交谈。如果他看到一名学生掉队了，他会等着他赶上来。然后他会和这名学生一起走，问他问题并倾听他的回答。科尔莫戈罗夫的谈话从来不会从数学问题开始。他会谈论学生们的生活，询问他们对体育的兴趣、他们是否下棋、他们的音乐品位、他们在空闲时间做什么，以及他们与其他人的关系。他会仔细倾听他们的回答。

这番闲聊会让许多学生松口气，因为他渊博的数学知识让他们心存敬畏。他们担心科尔莫戈罗夫随口说的一句题外话，就能让他们自认为无懈可击的数学证明暴露出错漏之处，或者担心他轻松就能找到一种更简单、更优雅的方法来解决他们费时费力才解答出来的问题。他们担心，整篇博士论文可能会因为一句评论而变得毫无意义。但是，科尔莫戈罗夫也有可能为学生们提供完成他们作业所需的关键想法。如今，他年事已高，在研讨会上经常睡着，但他仍然保持着他的魔力：他会出人意料地突然醒来，跟学生们说换一个视角就能解决他们面临的问题。如果幸运的话，他会站起来，把大致的解决方案写到黑板上，这样学生们就可以把它用到自己的作业中了。而有的时候，他只是在离开房间前咕哝几句。无论是哪种情况，学生们都要花几个星期的时间才能破译他的想法。

科尔莫戈罗夫似乎并没有充分意识到他的魔力有多大。他认为很多东西都是显而易见的，所以他只专注于提出一些他认为并不那么理所当然的问题。可能是因为形式化数学对他来说太自然了，科尔莫戈罗夫看重的不是严谨性，而是个人的直觉。他经常说，每个人在生命早期都被赋予了看世界的独特视角，而他是在14岁时具备了这样的视角。他的独特视角恰巧是（这是我概括的，并非他的原话）一个数学天才的视角，比整个20世纪的法国数学家加在一起还要略胜一筹。但这对他来说是一个微不足道的细节。他并没有把注意力集中在自己身上，而是更想了解他遇到的每个人身上独特的复杂性。他想知道别人的内在特征。

科尔莫戈罗夫认为谈论数学和谈论人生没有什么区别。他希望他的学生能像运用常识一样自由地运用高等数学概念。他经常说他的指导原则是真诚。他对莫斯科大学的其他教授说："我们的使命是找到真诚，然后培养它。"

1986年，科尔莫戈罗夫年事已高，还病了一段时间。亚历山德罗夫早在4年前就去世了，科尔莫戈罗夫不久后就会去陪伴他。此时的他把所有精力都放在散步上，灿烂的阳光似乎给了他新的生命。他和学生们一起散步、聊天、倾听，并提供建议。

快到终点时，科尔莫戈罗夫突然甩开其他人，朝附近的湖边走去。

他的一个学生跟上了他。走到湖边后，他问这名学生："怎么了,安德烈·尼古拉耶维奇?"

科尔莫戈罗夫抬头望着天空说:"我很骄傲,因为我活得有价值。"

这名学生什么也没说。其他人也追上来了,他们默默地站在教授身后,一起看向空旷的天空。

科尔莫戈罗夫望着无尽的天空。他知道,他谈论、思考和念念不忘的复杂性永远不会有答案。但他与普西亚的友谊、他让别人参与教学活动、他与学生的友好关系及对生活和数学的讨论,都会让他了解生命的意义。他发现生命的意义就在于丰富自己的内心,同时参与他人复杂的内心活动。

彼此真诚地交谈,倾听身边的人说话,一起仰望天空,希望并相信他们与真理的距离会一点点地缩小,所有这些就是他的生命的意义。

致 谢

首先我要感谢洛维萨。我们的讨论为本书提供了大量的写作素材，我们之间的爱使我每天做的事都有了依靠。谢谢你！

本书的大部分内容都是在新冠病毒感染疫情防控期间写作的。我要感谢伊莉丝（还有托比亚斯和露比）每天和我一起散步、聊天，感谢亨利总是问我问题，其中许多问题我至今无法回答。

虽然我确实在1997年参加了圣达菲研究所的暑期项目，在那里遇到了很多有趣的人，但书中的人物都是虚构的，他们身上融合了暑期项目的参与者和与我共事过的研究人员的特征。如果你觉得我描写的某个圣达菲角色就是你，那么可能确实如此！

有一个非常特别的人不得不提，他就是我的博士导师戴夫·布鲁姆海德。他和戴维的导师一样，总是鼓励我多问问题。他自己也在锻炼这种能力，认真倾听，帮助别人以自己的方式发展。我经常想起戴夫，非常想念他。

感谢我的母亲，她详细阅读了这本书的初稿，感谢父亲提出了一些有价值的建议,感谢科林的反馈:"这本书很好,但读起来有点儿让人头疼。"露丝,当这本书出版时,我希望你认真读一读!

感谢卡西娅娜·洛尼塔和爱德华·柯克,为了让我写出我想写的东西,你们付出了太多的努力。你们的耐心、细致的编辑、给我的鞭策和始终如一的支持是这本书最终成书的原因。感谢克里斯·维尔贝洛夫带领我在数学写作的道路上越走越远。感谢萨拉·戴伊,你的精心编辑和巧妙改动为本书英文版增色不少。

注释和参考文献

注释部分列出了各章的参考文献和扩展阅读材料。如需更深入了解书中涉及的数学知识，请参阅 https://fourways.readthedocs.io/。

序言　升维思考的四种方式

Stephen Wolfram, A New Kind of Science, Wolfram Media, Inc., 2002

第 1 章　统计思维

一群聪明的年轻人

通勤时间引自：Glenn Lyons and Kiron Chatterjee, 'A human perspective on the daily commute: costs, benefits and trade-offs', Transport Reviews 28, no. 2 (2008): 181–98。

2005 年至 2020 年英国人每天看电视的时间引自：https://www.statista.com/statistics/269870/daily-tv-viewing-time-in-the-uk/。

性爱平均持续时间引自马赛尔·D. 沃丁格等人针对英国居民的一项研究：'a multinational population survey of intravaginal ejaculation latency time', Journal of Sexual Medicine 2, no. 4 (2005): 492–7。

K. M. Wall, R. Stephenson and P. S. Sullivan, 'Frequency of sexual activity with most recent male partner among young, Internet-using men who have sex with men in the United States', Journal of Homosexuality 60, no. 10 (2013): 1520–38

英国人出生时的预期寿命请见：https://data.worldbank.org/indicator/SP.DYN.LE00.IN?locations=GB。

英国妇女平均生育率请见：https://data.worldbank.org/indicator/SP.DYN.TFRT.IN?locations=GB。

幸福感数据引自：John Helliwell et al., 'Happiness, benevolence, and trust during COVID-19 and beyond', World Happiness Report: 13。

一个可能的答案

"……'三足凳'考试的最后一个部分"：指当时的数学荣誉学位考试的第二部分（现在的剑桥大学教学大纲称之为第三部分）。费希尔的剑桥牛仔排名记录参见：Historical Register of the University of Cambridge, Supplement, 1911-1920。

"……是得到所有回答的正确可能性的乘积"：为了理解为什么要用乘法，可以假设我在扔色子，然后计算第一次是 6 且第二次不是 6 的概率。第一次是 6 的概率是 1/6，第二次不是 6 的概率是 5/6，所以第一次是 6 且第二次不是 6 的概率是 1/6 × 5/6。

"……统计学至今仍在使用的最大似然估计方法"：详情参见 John Aldrich, 'R. A. Fisher and the making of maximum likelihood 1912–1922', Statistical Science 12, no. 3 (1997): 162–76。

我在在线课程中证明了最可能的值就是 40%。参见：https://fourways.readthedocs.io/，点击"A likely answer"。

多活 12 年

David L. Katz and Suzanne Meller, 'Can we say what diet is best for health?', Annual Review of Public Health 35 (2014): 83–103

Martin Loef and Harald Walach, 'The combined effects of healthy lifestyle behaviors on all-cause mortality: a systematic review and meta-analysis', Preventive Medicine 55, no. 3 (2012): 163–70

Elisabeth G. Kvaavik et al., 'Influence of individual and combined health behaviors on total and cause-specific mortality in men and women: the United Kingdom health and lifestyle survey', Archives of Internal Medicine 170, no. 8 (2010): 711–18, p. 711

正确的方法只有一种

本节内容参考了费希尔的女儿撰写的《费希尔传》的第2章：Joan Fisher Box, R. A. Fisher: The Life of a Scientist, John Wiley and Sons, 1980。

"聚会时，他抱怨说……"：Ronald Aylmer Fisher, 'Some hopes of a eugenist', Eugenics Review 5, no. 4 (1914): 309。

"没有人知道该怎么对待女同事……"：Edward John Russell, A History of Agricultural Science in Great Britain, Allen and Unwin, 1966。

"他和另一位同事威廉·罗奇……"：下面的对话是根据费希尔的女儿撰写的《费希尔传》第5章改写的：Joan Fisher Box, R. A. Fisher: The Life of a Scientist, John Wiley and Sons, 1980。费希尔在《实验的设计》(Oliver and Boyd, 1935) 第13页记录了实验的设计方案。为了戏剧效果，我在书中写到了罗奇的配对比较方法。事实上，当时做这类实验的方法有很多，这只是其中一种。

更多信息参见：

R. A. Fisher, 'The arrangement of field experiments', Journal of the Ministry of Agriculture 33 (1926): 503–15

Bradley Efron, 'R. A. Fisher in the 21st century', Statistical Science (1998): 95–114

你幸福吗？

参见：https://fourways.readthedocs.io/，点击"A likely answer"。更多详情参见：https://worldhappiness.report。

提升个人幸福感

如需具体了解本节讨论的分析过程，可参见：https://fourways.readthedocs.io/，并点击"The happy individual"。

本节提到的《今日美国》上的那篇文章请见：https://eu.usatoday.com/story/money/personalfinance/2017/07/24/yes-you-can-buy-happiness-if-you-spend-save-time/506092001/。

投掷40次硬币得到k次正面的概率是

$$\binom{40}{K}\left(\frac{1}{2}\right)^{40}$$

投出26次或更多次正面的概率是

$$\sum_{k=26}^{40}\binom{40}{K}\left(\frac{1}{2}\right)^{40}$$

约等于0.040 3。关于统计显著性的阈值概率应该设定为多少的问题，（至少可以说）有一定的争议性。但是，如果（关于节省时间是否会提升幸福感的）单侧检验的阈值概率是0.05，那么这个结果将被认为具有统计显著性。

愤怒的老人

"费希尔……感到不满"：Ronald Aylmer Fisher, 'Design of experiments', British Medical Journal 1, no. 3923 (1936): 554

"一位同事说……"：Leonard J. Savage, 'On rereading R. A. Fisher', Annals of Statistics (1976): 441–500

"费希尔的一个朋友形容他……": H. J. Eysenck, 'Were we really wrong?', American Journal of Epidemiology 133, no. 5 (1991): 429–33

"琼·费希尔·博克斯曾目睹……": 引自 pp. 392–4 from Joan Fisher Box, R. A. Fisher: The Life of a Scientist ', Wiley and Sons, 1980

"他认为不同的社会阶层和民族……": Ronald Aylmer Fisher, 'Some hopes of a eugenist', Eugenics Review 5, no. 4 (1914): 309

"……他很快就发现他的理论自相矛盾": Ronald A. Fisher, 'The elimination of mental defect', Eugenics Review 16, no. 2 (1924): 114

"费希尔的剑桥大学同事……": Reginald Crundall Punnett, 'Eliminating feeblemindedness: ten per cent of American population probably carriers of mental defect – if only those who are actually feebleminded are dealt with, it will require more than 8,000 years to eliminate the defect – new method of procedure needed', Journal of Heredity 8, no. 10 (1917): 464–5

"通过挖掘被遗忘在故纸堆中的数据……": Ronald Aylmer Fisher, Smoking: The Cancer Controversy: Some Attempts to Assess the Evidence, Oliver and Boyd, 1959

如需了解关于癌症和吸烟的知识，可参阅：US Department of Health and Human Services, 'The health consequences of smoking – 50 years of progress: a report of the Surgeon General' (2014)。

树林和树木

如需具体了解本节讨论的分析过程，可参见：https://fourways.readthedocs.io/，并点击"The forest and the tree"。

"达克沃思和她的同事……一项研究": Angela L. Duckworth et al., 'Grit: perseverance and passion for long-term goals', Journal of Personality and Social Psychology 92, no. 6 (2007): 1087。

"当在元研究中对坚毅进行测试时……": Marcus Credé, Michael C. Tynan and Peter D. Harms, 'Much ado about grit: a meta-analytic synthesis of the grit literature', Journal of Personality and Social Psychology 113, no. 3 (2017): 492

"实验观察表明，成长型思维模式……"：David I. Miller, 'When do growth mindset interventions work?', Trends in Cognitive Sciences 23, no. 11 (2019): 910–12

"……只能解释人与人之间 1%的差异"：Carmela A. White, Bob Uttl and Mark D. Holder, 'Meta- analyses of positive psychology interventions: the effects are much smaller than previously reported', PloS One 14, no. 5 (2019): e0216588

"……情商只能解释人与人之间 3%或 4%的学业成绩差异"：Carolyn MacCann et al., 'Emotional intelligence predicts academic performance: a meta-analysis', Psychological Bulletin 146, no. 2 (2020): 150

第 2 章　互动思维

生命的周期性循环

Herbert Spencer, First Principles of a New System of Philosophy, D. Appleton and Company, 1876. Quote from p. 434, section 173, Ch. 22

本部分介绍的这类方程引自洛特卡 1920 年发表的论文：Alfred J. Lotka, 'Undamped oscillations derived from the law of mass action', Journal of the American Chemical Society 42, no. 8 (1920): 1595–9。但洛特卡在 1910 年发表的论文中阐述了类似的思想：Alfred Lotka, 'Zur theorie der periodischen reaktionen', Zeitschrift für physikalische Chemie 72, no. 1 (1910), 508–11。

兔子和狐狸

如需深入了解该模式涉及的数学知识，可参阅 https://fourways.readthedocs.io/ 中的 "Rabbits and foxes"。

社会流行病

如需深入了解该模式涉及的数学知识，可参阅https://fourways.readthedocs.io/中的"Rabbits and foxes"这一部分。

"她没有专注于改变人们的想法……"：关于拆穿不实信息最佳做法的更全面讨论，参见：Sander Van Der Linden, 'Misinformation: susceptibility, spread, and interventions to immunize the public', Nature Medicine 28, no. 3 (2022): 460–67。

本节列举的例子引自以下资料：

Frank Schweitzer and Robert Mach, 'The epidemics of donations: logistic growth and power-laws', PLoS One 3, no. 1 (2008): e1458

Sarah Seewoester Cain, 'When laughter fades: individual participation during open-mic comedy performances', PhD dissertation, Rice University, 2018

Richard P. Mann et al., 'The dynamics of audience applause', Journal of the Royal Society Interface 10, no. 85 (2013): 20130466

Harold Herzog, 'Forty- two thousand and one Dalmatians: fads, social contagion, and dog breed popularity', Society and Animals 14, no. 4 (2006): 383–97

Nicholas A. Christakis, and James H. Fowler, 'Social contagion theory: examining dynamic social networks and human behavior', Statistics in Medicine 32, no. 4 (2013): 556–77

Yvonne Aberg, 'The contagiousness of divorce', The Oxford Handbook of Analytical Sociology (2009): 342–64

第三定律

Ronald Ross, 'An application of the theory of probabilities to the study of a priori pathometry: Part I', Proceedings of the Royal Society of London. Series A, Containing papers of a mathematical and physical character 92, no. 638 (1916): 204–30

Ronald Ross and Hilda P. Hudson, 'An application of the theory of probabilities to the study of a priori pathometry: Part II', Proceedings of the Royal Society of London. Series A, Containing papers of a mathematical and physical character 93, no. 650 (1917): 212–25

"现在看来，这似乎是有可能的……"：Alfred J. Lotka, 'Contribution to the energetics of evolution', Proceedings of the National Academy of Sciences of the United States of America 8, no. 6 (1922): 147。

Alfred J. Lotka, Elements of Physical Biology, Williams and Wilkins, 1925

元胞自动机

要运行本节介绍的模型，可参阅 https://fourways.readthedocs.io/ 中的 "Cellular automata" 这一部分。

处理争吵的有效规则

要运行本节介绍的模型，可参阅 https://fourways.readthedocs.io/ 中的 "The art of a good argument" 这一部分。

如果希望进一步了解夫妻关系整合行为疗法，可参阅：Andrew Christensen and Brian D. Doss, 'Integrative behavioral couple therapy', Current Opinion in Psychology 13 (2017): 111–14。

第 3 章　混沌思维

一直都知道下一步该怎么走

本节内容参考了 'Oral History of Margaret Hamilton', interviewed by David C. Brock on 13 April 2017 in Boston, MA。参见 https://www.youtube.com/watch?v=6bVRytYSTEk。

"洛伦兹在倾囊相授之后把操作手册递给了她……"：37:01 分

"对他们来说，'女性只是约会对象'"：47:00 分

埃尔法罗酒吧

如果希望更深入了解亚历克斯介绍的模型,可参阅 https://fourways.readthedocs.io/ 中的 "El Farol" 这一部分。

埃尔法罗问题最初是由布莱恩·阿瑟于1994年提出的:W. Brian Arthur, 'Inductive reasoning and bounded rationality', American Economic Review 84, no. 2 (1994): 406–11。

程序员的错误

"……不知道这些修改能否纠正她之前的错误":Margaret H. Hamilton, 'What the errors tell us', IEEE Software 35, no. 5 (2018): 32–7。

"第二天,洛伦兹来了":'Oral History of Margaret Hamilton', interviewed by David C. Brock on 13 April 2017 in Boston, MA。参见 https://www.youtube.com/watch?v=6bVRytYSTEk。

蝴蝶效应

如果希望更深入了解洛伦兹模型,可参阅 https://fourways.readthedocs.io/ 中的 "The butterfly effect" 这一部分。以下是扩展阅读资料:

Étienne Ghys, 'The Lorenz attractor, a paradigm for chaos', Chaos (2013): 1–54, p. 20

Edward N. Lorenz, 'Deterministic nonperiodic flow', Journal of Atmospheric Sciences 20, no. 2 (1963): 130–41

Colin Sparrow, The Lorenz Equations: Bifurcations, Chaos, and Strange Attractors, Vol. 41, Springer Science and Business Media, 2012

夜空(二)

本节讲述的故事主要参考了汉密尔顿自己的幻灯片:Margaret H. Hamilton, 'The language as a software engineer,' Keynote (ICSE 2018) Celebrating 50th Anniversary of Software Engineering, http://www.htius.com。

更多相关资料参见https://futurism.com/ margaret-hamilton-the-untold-story-of-the-woman-who-took-us-to-the-moon。

M. D. Holley, Apollo Experience Report–guidance and control systems: primary guidance, navigation, and control system development, National Aeronautics and Space Administration, 1976

Margaret H. Hamilton, 'What the errors tell us', IEEE Software 35, no. 5 (2018): 32–7

完美的婚礼

我对婚礼策划师的了解源于Tzo Ai Ang的"I'm a wedding planner -this is what it's like behind-the-scenes"。本书对婚礼策划师生活的描写如有不实之处，都是我的错误。参见https://www.newsweek.com/ im-wedding-planner-this-what-like-behind-scenes-1577321。

信息的传递

关于贝蒂和克劳德的更多信息，参见https://blogs.scientificamerican.com/voices/ betty-shannon-unsung-mathematical-genius/。

"你在文章中举了一个类似的例子，对吧？"：Claude Elwood Shannon, 'A mathematical theory of communication', Bell System Technical Journal 27, no. 3 (1948): 379–423

贝蒂·香农对她的丈夫克劳德后期撰写的论文确实提供了帮助，也参与了熵理论的研究，但是文中描写的晚餐是对事件的虚构再现。文中使用的示例字符串（埃丝特在图书馆中再次展示了该字符串）改写自香农文章中的示例（第7页）。

信息等于随机性

埃丝特对元胞自动机随机性的解释不全面。详情参见https://fourways.readthedocs.io/中"Information equals randomness"这一部分。

20 个问题

我提出 20 个问题的方法源于 https://www.quora.com/ What-are-the-five-most-important-questions-to-ask-in-a-game-of-20-questions。

只增不减的熵

Ilya Prigogine and Isabelle Stengers, The End of Certainty, Simon and Schuster, 1997

猜字游戏

Claude E. Shannon, 'Prediction and entropy of printed English', Bell System Technical Journal 30, no. 1 (1951): 50–64

走大路还是走小路

"如厕后洗手的人的比例":https://www.cdc.gov/handwashing/why-handwashing.html

"49%的英国人不想去,即使没有风险":https://yougov.co.uk/topics/politics/articles-reports/2019/07/20/ half-britons-wouldnt-want-go-moon-even-if-their-sa

文字的海洋

谢尔盖·布林和拉里·佩奇后来创建了谷歌公司。1998 年的课程笔记仍然保存在 http://infolab.stanford.edu/~sergey/。

第 4 章 复杂思维

国际数学大会

本节内容参考了 Andrej N. Kolmogorov, 'Combinatorial foundations of information theory and the calculus of probabilities', Russian Mathematical Surveys 38, no. 4 (1983): 29–40。从原文引用时有所改动。

宇宙就是一个矩阵

J. R. Pierce and Mary E. Shannon, 'Composing music by a stochastic process', Bell Telephone Laboratories, Technical Memorandum MM-49-150-29(1949)

Haizi Yu and Lav R. Varshney, 'On "Composing music by a stochastic process": from computers that are human to composers that are not human', IEEE Information Theory Society Newsletter, Vol. 67, No. 4 (2017): 18–19

伦敦百态

故事和统计数据均改编自 http://www.streetsoflondon.org.uk/ about-homelessness。为支持这项工作，我捐了一些钱（我也鼓励你提供支持！）。

I, II, III, IV

关于元胞自动机模型的更深入分析，参见 https://fourways.readthedocs.io/ 中的 "I, II, III, IV"。

还可参见 Stephen Wolfram, A New Kind of Science, Vol. 5. Champaign, IL: Wolfram Media, 2002。

生命的奥秘

Mark D. Niemiec, 'Synthesis of complex life objects from gliders', New Constructions in Cellular Automata (2003): 55

Paul Rendell, 'Turing machine universality of the game of life', PhD dissertation, University of the West of England, 2014

Ananyo Bhattacharya, The Man from the Future: The Visionary Life of John von Neumann, Penguin UK, 2021

Christopher G. Langton, 'Self-reproduction in cellular automata', Physica D: Nonlinear Phenomena 10, nos. 1–2 (1984): 135–44

Christopher G. Langton (ed.), Artificial Life: An Overview, MIT, 1997

图4–7参考了Yonaton的作品：https://twitter.com/zozuar。

复杂动物行为的例子引自David J. T. Sumpter, Collective Animal Behavior, Princeton University Press, 2010。

界限分明的社会现实

本节列举的例子，特别是派对上的"隔离"，灵感来自Thomas C. Schelling, Micromotives and Macrobehavior, W. W. Norton and Company, 2006。

本节参考了"V"字队形的实证研究：Mehdi Moussaïd at al., 'The walking behaviour of pedestrian social groups and its impact on crowd dynamics', PloS One 5, no. 4 (2010): e10047。

"大多数人都在全员男性或全员女性的群体中"。女性所在群体中女性平均占比为

$$\frac{7 \times [7/(7+7)] + 5 \times [8/(5+8)] + 28 \times 1}{40} = 86.4\%$$

男性所在群体中男性平均占比为

$$\frac{7 \times [7/(7+7)] + 8 \times [8/(5+8)] + 45 \times 1}{60} = 89.0\%$$

人因他人而成其为人

Desmond Tutu, 'Speech: No future without forgiveness (version 2)' (2003). Archbishop Desmond Tutu Collection Textual. https://digitalcommons.unf.edu/archbishoptutupapers/15

要了解乌班图，一个很好的起点是Abeba Birhane, 'Descartes was wrong: "a person is a person through other persons"', Aeon (2017)。

关于乌班图，另一个有深刻见解的读物是Nyasha Mboti, 'May the real

注释与参考文献　289

ubuntu please stand up?' Journal of Media Ethics 30, no. 2 (2015): 125–47。

感谢爱丁堡大学的安妮·坦普尔顿关于人群的讨论。我在本节参考了以下资料：

Dirk Helbing, Anders Johansson and Habib Zein Al- Abideen, 'Dynamics of crowd disasters: an empirical study', Physical Review E 75, no. 4 (2007): 046109

Hani Alnabulsi and John Drury, 'Social identification moderates the effect of crowd density on safety at the Hajj', Proceedings of the National Academy of Sciences 111, no. 25 (2014): 9091–6

Hani Alnabulsi et al., 'Understanding the impact of the Hajj: explaining experiences of self-change at a religious mass gathering', European Journal of Social Psychology 50, no. 2 (2020): 292–308

Anne Templeton, John Drury and Andrew Philippides, 'Walking together: behavioural signatures of psychological crowds', Royal Society Open Science 5, no. 7 (2018): 180172

David Novelli et al., 'Crowdedness mediates the effect of social identification on positive emotion in a crowd: a survey of two crowd events', PloS One 8, no. 11 (2013): e78983

复杂是常态

Per Martin-Löf, 'The definition of random sequences', Information and Control 9, no. 6 (1966): 602–19

小场景中的生活

"……也震惊了国际数学界"：Albert N. Shiryaev, 'Kolmogorov: life and creative activities', Annals of Probability 17, no. 3 (1989): 866–944, pp. 869–71

"……曾在伏尔加河上同船旅行了几个星期"：Albert N. Shiryaev, 'Kolmogorov: life and creative activities', The Annals of Probability 17, no. 3

(1989): 866–944, p. 882

"诺特男孩": Pavel S. Aleksandrov, 'Pages from an autobiography', Russian Mathematical Surveys 34, no. 6 (1979): pp. 297–9, 267

"……贝多芬的钢琴奏鸣曲": Pavel S. Aleksandrov,'Pages from an autobiography. II', Russian Mathematical Surveys 35, no. 3 (1980): pp. 315, 317

"……海边的一个小渔村": Pavel S. Aleksandrov, 'Pages from an autobiography. II', Russian Mathematical Surveys 35, no. 3 (1980): pp. 315, 318–19

"……令亚历山德罗夫不敢相信": Paul M. B. Vitányi, 'Andrei Nikolaevich Kolmogorov', CWI Quarterly 1, no. 2 (1988): 3–18

"……火炮的有效性": Albert N. Shiryaev, 'Kolmogorov: life and creative activities', The Annals of Probability 17, no. 3 (1989): 866–944, p. 907

"……最大似然实践观": see for example Mátyás Arató Andrei Nikolaevich Kolmogorov and Ya G. Sinai, 'Evaluation of the parameters of a complex stationary Gauss-Markov process', Doklady Akademii Nauk SSSR 146 (1962): 747–50

"……生态系统中任意物种间的相互作用……": A. Kolmogorov, 'Sulla teoria di Volterra della lotta per lesistenza', Gi. Inst. Ital. Attuari 7 (1936): 74–80

"……飞机起飞时空气扰动……": Uriel Frisch, and Andreĭ Nikolaevich Kolmogorov, Turbulence: The Legacy of A. N. Kolmogorov, Cambridge University Press, 1995

"……熵测量的……": Claude Elwood Shannon, 'A mathematical theory of communication', Bell System Technical Journal 27, no. 3 (1948): 379–423, p. 379

无法用语言表达的解释

索卡尔描写的实验参见 http://linguafranca.mirror.theinfo.org/9605/sokal.html。

有价值的生活

本节讲述的故事参考了 Yu K. Belyaev and Asaf H. Hajiyev, 'Kolmogorov Stories', Probability in the Engineering and Informational Sciences 35, no. 3 (2021): 355–68。

科尔莫哥罗夫关于数学教育的一些观点参见：https://mariyaboyko12.wordpress.com/2013/08/03/the-new-math-movement-in-the-u-s-vs-kolmogorovs-math-curriculum-reform-in-the-u-s-s-r/